この本の特色としくみ

本書は,中学3年のすべての内容を3段階のレベルに分け,それらをステップ式で学習できる問題集です。各単元は,Step1(基本問題)とStep2(標準問題)の順になっていて,章末にはStep3(実力問題)があります。また,巻頭には「1・2年の復習」を,巻末には「総仕上げテスト」を設けているため,復習と入試対策にも役立ちます。

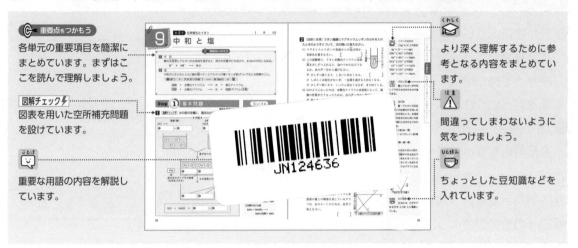

重要点をつかもう
各単元の重要項目を簡潔にまとめています。まずはここを読んで理解しましょう。

図解チェック⚡
図表を用いた空所補充問題を設けています。

ことば
重要な用語の内容を解説しています。

くわしく
より深く理解するために参考となる内容をまとめています。

注意
間違ってしまわないように気をつけましょう。

ひと休み
ちょっとした豆知識などを入れています。

もくじ

本書に関する最新情報は, 小社ホームページにある**本書の「サポート情報」**をご覧ください。(開設していない場合もございます。)
なお, この本の内容についての責任は小社にあり, 内容に関するご質問は直接小社におよせください。

① 身近な物理現象，電流とその利用

1・2年の復習

【 　月　　日】

解答▶別冊1ページ

■ 次の各問いに答えなさい。また，[　　]にあてはまる語句を答えなさい。

1 光による現象

① 光が物質どうしの境界面で折れ曲がって進む現象を何というか。

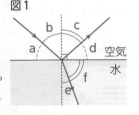
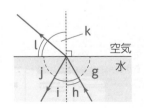

図1

② 図1のa〜lから反射角をすべて選べ。

③ 図1のa〜lから屈折角をすべて選べ。

④ 入射角＝反射角 の関係を何というか。

⑤ 図1の右の図のように光が進むとき，入射角を大きくすると境界面で反射だけを起こす。この現象を[　　]という。

⑥ 図2のOを何というか。

⑦ 図2のaの距離を何というか。

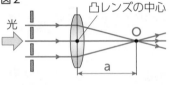

図2

⑧ 凸レンズの中心に入った光は凸レンズ通過後どのように進むか。

⑨ 物体の像を凸レンズで見るとき，レンズを通してのぞくと物体より大きく，同じ向きに見える像を何というか。

2 音による現象

⑩ 音を出すものが，1秒間に振動する回数を何というか。

⑪ 図3はおんさの音をコンピュータで表したものである。振幅を示している矢印として正しいものをア〜エから選べ。

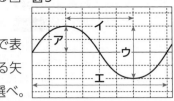

図3

⑫ 図3で，横軸1目盛りが0.001秒のとき，おんさの振動数は何Hzか。

3 力による現象

⑬ 図4で，床の面が物体をおす力 N を何というか。

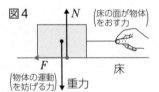

図4

⑭ 図4で，床の面が物体の運動を妨げる力 F を何というか。

①

②

③

④

⑤

⑥

⑦

⑧

⑨

⑩

⑪

⑫

⑬

⑭

2

⑮ 0.3 N のおもりをつるすと，伸びが 2 cm になるばねがある。このばねに 0.6 N のおもりをつるすと長さが 15 cm になった。このばねの自然の長さは何 cm か。

⑯ 「ばねの伸びは，ばねに加わる力の大きさに比例する。」を何の法則というか。

4 電流の性質

⑰ 図 5 で，並列回路は A，B のどちらか。

⑱ 図 5 の A では，$I = I_1 \square I_2$
□に入るものは＋，－，＝のうちどれか。

⑲ 図 5 の B では，$V = V_1 \square V_2$
□に入るものは＋，－，＝のうちどれか。

⑳ 図 5 の A の回路に流れる電流 I は何 A か。

㉑ 図 5 の B の回路に流れる電流 I は何 A か。

㉒ 図 5 の B の回路全体の抵抗は何 Ω か。

図5

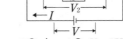

$a = 6\,\Omega,\ b = 4\,\Omega,\ V = 6\,V$

㉓ 電球の 100 V－40 W という表示の 40 W は，電球の能力（1 秒間あたりに使う電気エネルギー）を表す量で，何というか。

㉔ ㉓の能力を表す量は，電流と電圧の積で表される。この電球に 100 V の電圧をかけると，何 A の電流が流れるか。

5 電流と磁界

㉕ 図 6 のように，直線電流のまわりに磁界ができる。点 A に置いた磁針の N 極のさす向きを**ア〜エ**から選べ。

㉖ 図 6 で電流の向きを逆にしたとき，点 B の磁界の向きを**ア〜エ**から選べ。

㉗ 磁界中の電流は，磁界から力を受ける。図 7 で，磁石による磁界の向きは**ウ**である。磁界から電流が受ける力を**ア〜エ**から選べ。

㉘ コイル内の磁界が変化すると，コイルに誘導電流を流そうとする電圧が生じる現象を何というか。

図6

電流の向き

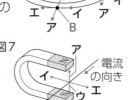

図7

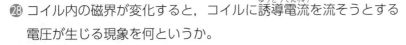

電流の向き

導線

㉕

㉖

㉗

㉘

復習ポイント

❶ 凸レンズで，物体を焦点の内側に置いたときにレンズを通して見える像は，実際に光が集まってできている像（実像）ではない。

❹ 直列・並列回路での電流の流れ方，電圧のかかり方のきまりを確認し，オームの法則を使いこなせるようにしておくとよい。

❺ 直線電流がつくる磁界のでき方が，コイルの磁界や電流が磁界から受ける力のもとになる。

実力問題

解答▶別冊2ページ

❶ 図1のように，凸レンズから左に30cmの矢印AB（長さ6cm）の像CDが凸レンズから右に20cmのスクリーンにくっきりとうつし出された。次の問いに答えなさい。(4点×5−20点)

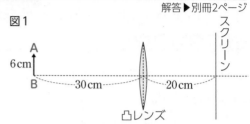

図1

(1) このように，スクリーンにうつし出される像を何といいますか。

(2) 矢印の先端Aの像C点と凸レンズの左右の焦点F，F'を図2に示しなさい。補助線も残すこと。

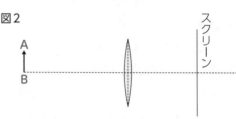

図2

(3) 矢印ABの①像CDの長さと，②この凸レンズの焦点距離を求めなさい。

(4) 図1で，凸レンズを左に6cm移動すると，スクリーンの像がぼやけた。スクリーンを左右どちら向きに何cm移動すると矢印ABの像がくっきりとうつし出されますか。

(1)	(2)(図2に記入)	(3)①	②	(4)

〔青雲高−改〕

❷ ばねにつるしたおもりとばねの伸びの関係を調べるため，次の実験を行った。これについて，下の文章中のa，bにあてはまる最も適当な言葉を，それぞれ書きなさい。ただし，ばねの質量，糸の質量と体積は考えず，100gの物体にはたらく重力の大きさを1Nとする。また，図2は測定した結果をグラフに表したものである。(10点×2−20点)

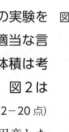

図1
ばねののび
A
おもり

実験　①100gのおもりAと，150gのおもりBをそれぞれ5個ずつ用意した。

②図1のように，ばねにおもりAを1個つるし，ばねの伸びを測定した。次に，ばねにつるすおもりAを1個ずつ5個になるまで増やし，増やすごとにばねの伸びをそれぞれ測定した。

③ ②と同様に，ばねにおもりBを1個つるし，ばねの伸びを測定した。次に，ばねにつるすおもりBを1個ずつ5個になるまで増やし，増やすごとにばねののびをそれぞれ測定した。

図2
ばねの伸び〔cm〕
おもりB
おもりA
ばねにつるしたおもりの個数〔個〕

> 100gの物体にはたらく重力の大きさは1Nなので，図2から，ばねの伸びは，ばねにはたらく力の大きさに　a　することがわかる。これを　b　の法則という。

a	b

〔千葉−改〕

❸ 図1のab間およびcd間は，それぞれ長さ100cmの抵抗線である。抵抗線abが10Ω，抵抗線cdが12Ω，電池の電圧が3.0Vのとき，次の問いに答えなさい。(4点×5－20点)

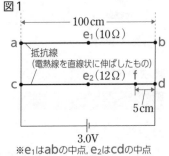
図1

(1) 抵抗線abを流れる電流は何Aですか。

(2) 電池の＋極から出る電流は何Aですか。

(3) 2本の抵抗線全体での消費電力は何Wですか。

(4) 抵抗線abから15分間に発生する熱は何Jですか。

　図1の2本の抵抗線はそれぞれ材質・太さが一様なので，抵抗の値は長さに比例する。例えば，抵抗線abのae$_1$間の抵抗は5.0Ω，抵抗線cdのce$_2$間の抵抗は6.0Ωである。図2のように電圧計に導線を接続し，導線の他端に小さな金属の棒P，P′をつけた。

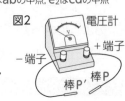
図2

(5) 棒P′をbに接続させ，棒Pを抵抗線cd上のdから5.0cmの所fに接触させたなら，電圧計は何Vをさしますか。

〔お茶の水女子大附高－改〕

❹ コイルと直流電源を用いて図1のような回路をつくった。地磁気の影響は無視し，次の問いに答えなさい。(5点×8－40点)

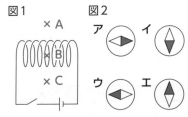

(1) スイッチを入れ，図1のA，B（コイルの内部），Cの位置に方位磁針を置いた。方位磁針のようすとして正しいものを図2のア～エから選びなさい。

　次に，図3のように，図1のコイルの右側に検流計とつながれているコイルを置いた。

図3

(2) 検流計のつながれているコイルの右側から磁石のN極を近づけると，検流計の針が左に振れた。この現象を何といいますか。

(3) 次の①→②→③→④の順に操作を行った。各操作を行った瞬間，検流計の針の動きとして正しいものを下のア～オからそれぞれ選びなさい。
①スイッチを入れる。　②左のコイルに鉄芯を入れる。　③スイッチを切る。
④左のコイルから鉄芯をとり出す。
ア　右に振れる。　　イ　左に振れる。　　ウ　振れない。　　エ　右に振れたまま。
オ　左に振れたまま。

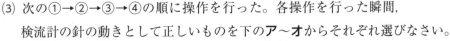

〔愛光高〕

 復習ポイント

❶(4) 凸レンズを左に6cm移動するとABと凸レンズの距離が24cmになっている。焦点距離は12cm((3)より)である。

❸電熱線の抵抗の大きさは長さに比例する。bd間には抵抗がない。

1・2年の復習

第1章

第2章

第3章

第4章

第5章

総仕上げテスト

2 1・2年の復習

【　　月　　日】

身のまわりの物質，化学変化と原子・分子

解答▶別冊3ページ

■ 次の各問いに答えなさい。

1 いろいろな物質

❶ メスシリンダーに 50.0 mL の水を入れ，質量 5.8 g のプラスチック片を入れたとき，すべて沈み右図のようになった。このプラスチックの密度を求め，四捨五入により，小数第1位まで答えよ。

❶ _____

2 気体の発生と性質

❷ うすい塩酸に石灰石を入れて発生する気体は，酸化銅と炭素の混合物を試験管に入れ，加熱すると発生する気体と同じである。この気体は何か。

❷ _____

❸ 炭酸水素ナトリウムを加熱すると，何という気体が発生するか。

❸ _____

❹ 塩化アンモニウムと水酸化カルシウムの混合物を試験管に入れ，加熱するとある気体が発生する。その気体を集めるのに適する捕集法を何というか。

❹ _____

3 物質の状態変化

❺ 図1は，ある固体の物質を一様に加熱したときの時間と温度の関係である。ア～オの中で，液体の物質が存在するのはどこか。すべて答えよ。

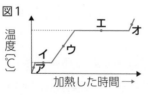

図1

❺ _____

❻ 図1の固体は，混合物か純粋な物質のどちらか，答えよ。

❻ _____

4 水溶液の性質

❼ 図2のように，100 g の水に溶ける溶質の最大質量と温度との関係を表したグラフを何というか。

❼ _____

❽ 90 ℃，100 g の水に硝酸カリウム 200 g を溶かした水溶液の濃度を，小数第1位を四捨五入して整数で求めよ。

❽ _____

❾ ❽の水溶液を 50 ℃に冷やすと析出する硝酸カリウムの結晶は何 g か。図2を用いて，整数値で求めよ。

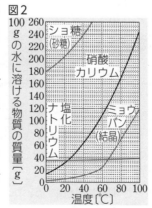

図2

❾ _____

5　物質の成り立ち

⑩ 純粋な物質には，1種類の元素からできている物質（Cu，O_2 など）と2種類以上の元素からなる物質（H_2O，CO_2 など）とがある。前者を単体というが，後者を何というか。

⑩ _____

6　いろいろな化学変化

⑪ 物質が酸素と結びつくことを酸化という。酸化の中でも熱や光を出しながら激しく酸素と反応することを何というか。

⑪ _____

⑫ 水素の燃焼の化学反応式「$2H_2 + [\quad] \longrightarrow 2H_2O$」の［　］に化学式を記入し完成させよ。

⑫ _____

⑬ 酸化銅と炭素の混合物を試験管に入れて加熱すると炭素は酸化銅から酸素を奪い酸化されて二酸化炭素になる。酸化銅のように酸素を奪われ銅になることを何というか。

⑬ _____

⑭ ⑬の炭素にかえて，加熱している酸化銅に水素の気体を通じて，酸化銅から酸素を奪い銅に変える化学変化を，化学反応式で表せ。

⑭ _____

⑮ 有機物を燃焼させると二酸化炭素と水ができることから，有機物には，水素原子と何原子が含まれているか。原子の記号で答えよ。

⑮ _____

7　化学変化と物質の質量

⑯ 化学変化で質量保存の法則が成り立つのは，化学変化の前後で，反応に関係する［　］が変化しないからである。［　］に10字以内で答えよ。

⑯ _____

⑰ 右のグラフは金属の加熱前後の質量の変化を示している。銅と銅に結びついた酸素の質量比を求めよ。

⑰ _____

⑱ マグネシウムの酸化物は，MgO である。マグネシウム原子1個の質量は酸素原子1個の質量の何倍か。

⑱ _____

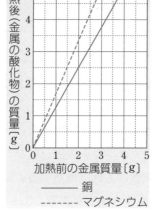

縦軸：加熱後（金属の酸化物）の質量〔g〕
横軸：加熱前の金属質量〔g〕
――― 銅
------- マグネシウム

復習ポイント

3 混合物の融点や沸点は，混合の割合によって変化するので一定にはならない。
4 析出する質量は，溶けている溶質－与えられた温度での溶解度 で求める。
6 酸素と結びつく反応を酸化といい，酸素を奪われる反応を還元という。
7 化学変化は，原子の結びつく組み合わせが変わるが，反応前後の原子の種類と数は変化しない。そのため化学変化では質量が保存される。

実力問題

時間 45分　合格点 70点　得点　　　点

解答▶別冊5ページ

❶ 以下の問いに答えなさい。(4点×10−40点)

(1) 次のア〜クの物質について，下の①〜③の問いにすべて記号で答えなさい。

　ア 窒素　　　　　イ 二酸化炭素　　　ウ 炭酸水素ナトリウム　　エ ショ糖

　オ カルシウム　　カ ダイヤモンド　　キ セルロース　　　　　　ク 硫酸

①単体をすべて書きなさい。　　　　②有機物をすべて書きなさい。

③金属光沢をもつものをすべて書きなさい。

(2) 水素原子○，酸素原子◎，窒素原子⊗として，例にならい「$3H_2 + N_2 \longrightarrow 2NH_3$」の化学反応式をモデルで書き表しなさい。例) H_2O　　◯◎◯

(3) 次の空欄に適切な語，数値を入れて文章を完成させなさい。ただし，ある物質Xの水への溶解度は，20℃で95，80℃で150であるとする。

> 　一般に，溶液で，溶けている物質を(**ア**)，(**ア**)を溶かしている液体を(**イ**)という。いま，物質Xの80℃の飽和水溶液がある。飽和水溶液100g中には，水が(**ウ**)gと物質Xが(**エ**)g含まれている。この飽和水溶液の温度を20℃に下げると，(**ウ**)gの水に溶けることができる物質Xの質量が(**オ**)gとなるので，水溶液中に物質Xの結晶が(**カ**)g生じる。

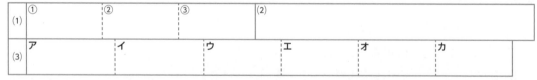

(1)	①	②	③	(2)			
(3)	ア	イ	ウ	エ	オ	カ	

[法政大第二高・同志社高]

❷ 次の①〜⑧の操作について，あとの問いに答えなさい。(21点)

①うすい塩酸に亜鉛を入れる。　　　　②水酸化ナトリウム水溶液を炭素電極で電気分解する。

③オキシドールに二酸化マンガンを入れる。　　　④酸化銀を試験管に入れ，加熱する。

⑤炭酸水素ナトリウムを試験管に入れ，加熱する。

⑥塩化アンモニウムと水酸化カルシウムの混合物を試験管に入れ，加熱する。

⑦酸化銅と炭の混合物を試験管に入れ，加熱する。　　　⑧うすい塩酸に石灰石を入れる。

(1) ①〜⑧で単体の気体が発生する反応がある。①〜⑧からすべて選びなさい。(4点)

(2) ①〜⑧で発生する気体を集めるとき，上方置換法が適しているものはどれか。①〜⑧から1つ選びなさい。(4点)

(3) ③で発生する気体と同じ気体が発生する反応を，③以外で①〜⑧からすべて選びなさい。(4点)

(4) ⑦の反応を化学反応式で書け。また⑦で銅原子についての化学反応の名称を漢字2字で答えなさい。

(5点＋4点−9点)

(1)	(2)	(3)	(4)	反応式	反応名

[愛光高]

❸ 図１のような装置を用いて水とエタノールの混合液を加熱し，生じる気体を冷やして試験管に液体を集める実験をした。また，図２は，このときの加熱時間と温度との関係をグラフにしたものである。以下の問いに答えなさい。(21点)

図１
水とエタノールの混合液 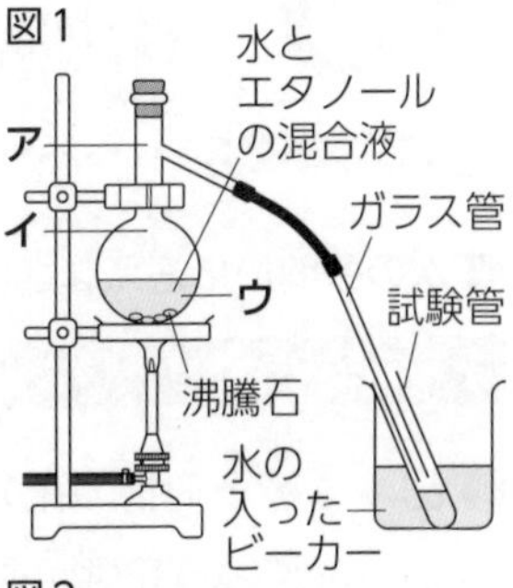
ガラス管
試験管
ア
イ
ウ
沸騰石
水の入ったビーカー

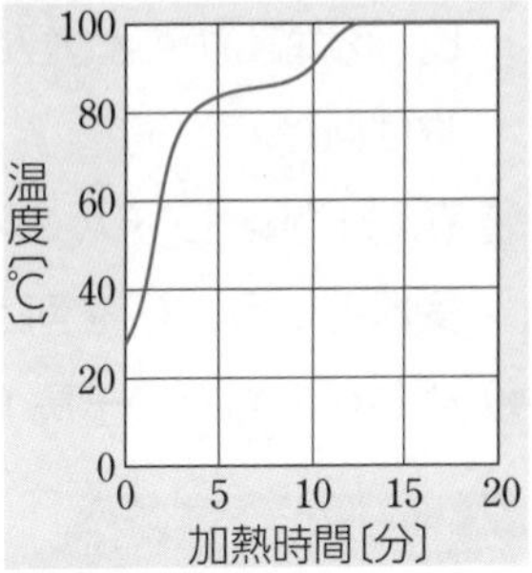

(1) 図１で温度計の球部がどの位置にくるようにとり付ければよいか。図１のア〜ウから選びなさい。(4点)

(2) 加熱を開始して５〜６分の間に試験管内に集められた液体には水とエタノールのどちらが多く含まれていますか。(4点)

(3) (2)の液体の密度を測定すると 0.85 g/cm³ であった。この液体におけるエタノールと水の体積比を求めなさい。ただし，エタノールと水の密度をそれぞれ 0.80 g/cm³，1.0 g/cm³ とし，混合による体積変化はないものとする。(4点)

図２
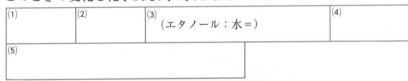
温度〔℃〕
加熱時間〔分〕

(4) この実験のように，液体の混合物を加熱し，生じた気体を冷やして再び液体として集める操作を何というか。漢字で答えなさい。(4点)

(5) エタノールの化学式は C_2H_6O のように表され，完全燃焼させると二酸化炭素と水を生じる。このときの変化を化学反応式で表しなさい。(5点)

(1)	(2)	(3) (エタノール：水＝)	(4)
(5)			

〔帝塚山高－改〕

❹ マグネシウムの粉末と銅の粉末を用意し，それらを完全に燃やしてできた化合物(灰)の質量を調べた。右図のグラフはその結果を表したものである。これについて，次の問いに答えなさい。(18点)

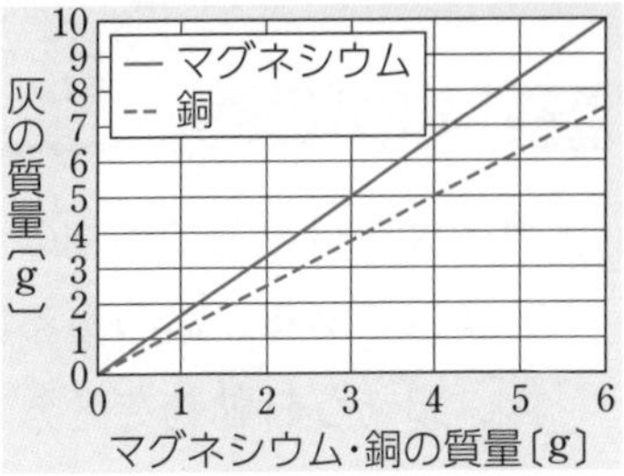

マグネシウム
銅
灰の質量〔g〕
マグネシウム・銅の質量〔g〕

(1) 銅が燃えてできた化合物の名称を答えなさい。(4点)

(2) マグネシウムの粉末６ｇを完全に燃やしてできた化合物中の酸素の質量は何ｇですか。(4点)

(3) マグネシウムの粉末と銅の粉末の混合物11ｇを完全に燃焼させたところ，合計の質量が15ｇになった。この混合物中のマグネシウムの粉末は何ｇですか。(5点)

(4) マグネシウムと銅が，それぞれ同じ質量の酸素と結びついたとき，できた化合物の質量の比はどのようになるか。最も簡単な整数比で答えなさい。(5点)

(1)	(2)	(3)	(4) (マグネシウム化合物：銅化合物＝)

〔清風高－改〕

復習ポイント
❶(3)物質Ｘの80℃の飽和水溶液の濃度を求めることから考える。
❹(3)マグネシウムを x〔g〕とすると銅は$(11-x)$〔g〕となり，結びついた酸素は４ｇである。

生物の観察と分類，生物のつくりとはたらき

解答▶別冊6ページ

■ 次の各問いに答えなさい。

1　花のつくりとはたらき

❶ 図1は被子植物の花のつくりを表している。ふつう花は，中心から，めしべ，B，花弁，がくと並んでいる。Bの名称は何か。

図1
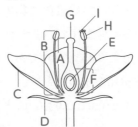

❷ 花粉Iがめしべ A の G につくことを受粉という。G を何というか。

❸ めしべのもとの子房 F でつつまれた E を何というか。

①

②

③

2　植物の分類

❹ 図2で，葉脈の空欄 a に適するのはア，イのどちらか。

❺ 図2の空欄 c にはウ，エのどちらが適するか。

図2

	子葉	葉脈	根
双子葉類	2枚	a	c
単子葉類	1枚	b	d

ア　イ　ウ　エ

④

⑤

3　動物の分類

❻ 図3は背骨をもつ動物の分類を表している。殻のある卵とない卵をうむ動物を区分する位置は図3のA〜Dのどれか。

❼ 変温動物と恒温動物を区分する位置は図3のA〜Dのどれか。

図3
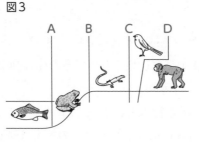

⑥

⑦

4　生物のからだと細胞

❽ 図4で，その生物の形質を伝える重要な遺伝子を含んでいる E を何というか。

❾ 細胞質 F の最も外側にあり，物質の出入りを調節しているうすい膜 G を何というか。

図4
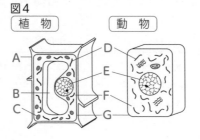
植物　　動物

⑧

⑨

5 葉・茎・根のつくりとはたらき

⑩ 図5は被子植物の茎の断面である。双子葉類の茎はA，Bのどちらか。

⑪ ⑩で答えた理由を簡単に書け。

図5

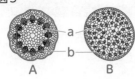

⑫ 図5で栄養分を運ぶ師管はa，bのどちらか。

6 動物のからだのつくりとはたらき

⑬ 胆汁以外の消化液に含まれ，食物を吸収できる形にまで分解する物質を何というか。

⑭ デンプンは最終的には何という物質にまで消化されるか。

⑮ 空気中から取りこまれた酸素と血液中の二酸化炭素の交換が行われる，肺の気管支の先端にあるうすい膜の袋を何というか。

⑯ 血液には固体成分の赤血球，白血球，血小板，液体成分の血しょうがある。体内に入った細菌を殺すものはどれか。

7 感覚器官と運動のしくみ

⑰ 図6は刺激を受け，反応するまでの経路を示したものである。Aの向きに信号を伝える神経を何というか。

図6

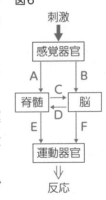

⑱ 判断や命令を行う脳や脊髄を，末しょう神経に対して何というか。

⑲ 図6で，刺激⇒感覚器官→A→脊髄→E→運動器官⇒反応 と，刺激に対して無意識に（大脳に伝わらずに）起こる反応を何というか。

⑳ 「黒板の文字を見て，ノートに書く。」の行動が起こったときの信号が伝わった経路をA〜Fなどを使い，例にならって書け。

〈例：(刺激)→感覚器官→A→脊髄→脳→F→運動器官→(反応)〉

⑩ _____

⑪ _____

⑫ _____

⑬ _____

⑭ _____

⑮ _____

⑯ _____

⑰ _____

⑱ _____

⑲ _____

(刺激)

⑳ _____ (反応)

復習ポイント

1 花のつくりの名称やはたらきを確認しておく。また，図にあるような被子植物だけでなく，裸子植物についても確認しておくとよい。

2 植物の分類の観点，「子葉の形」「葉脈の形」「根の形」などをおさえておく。

4 植物細胞と動物細胞の共通点や異なる点も確認しておくとよい。

7 目や耳など首から上の感覚器官が受けた刺激は，感覚神経によって脊髄にではなく直接脳に信号を送ることに注意。

【 　月　　日 】

実力問題

時間	合格点	得点
30分	75点	点

解答▶別冊7ページ

❶ 図1は植物を分類したものである。次の問いに答えなさい。(4点×9−36点)

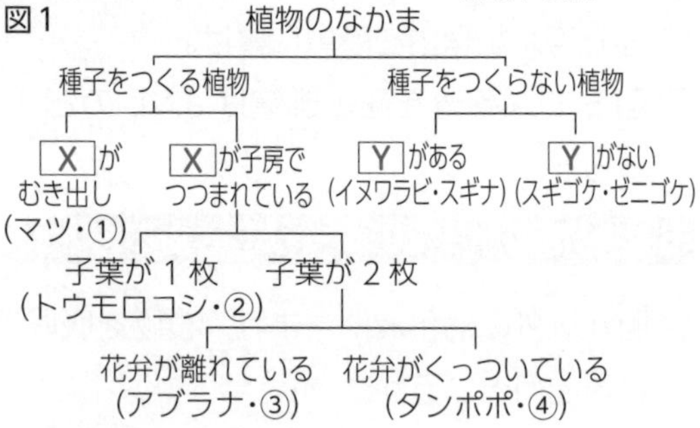

(1) X，Yそれぞれに分類する手がかりになる言葉を書きなさい。

(2) 図2のマツの花のAにあたる部分を，図3のアブラナの花の**ア〜エ**から1つ選び，記号で答えなさい。

(3) 子葉が1枚の植物のなかまの葉脈と根のつき方の特徴がわかるように図で図4に表しなさい。

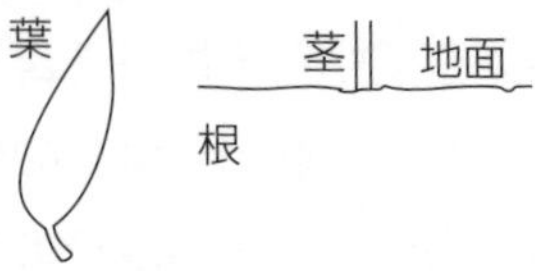

(4) 図1の①〜④に入る植物を，次の**ア〜オ**からそれぞれ1つずつ選び，記号で答えなさい。

ア アサガオ　**イ** ユリ　**ウ** イチョウ　**エ** サクラ　**オ** ゼンマイ

(5) 図1のイヌワラビ，スギナは何植物ですか。

図1

植物のなかま
├ 種子をつくる植物
│　├ Xがむき出し（マツ・①）
│　├ Xが子房でつつまれている
│　│　├ 子葉が1枚（トウモロコシ・②）
│　│　└ 子葉が2枚
│　│　　├ 花弁が離れている（アブラナ・③）
│　│　　└ 花弁がくっついている（タンポポ・④）
└ 種子をつくらない植物
　　├ Yがある（イヌワラビ・スギナ）
　　└ Yがない（スギゴケ・ゼニゴケ）

図2 マツの花のりん片　A

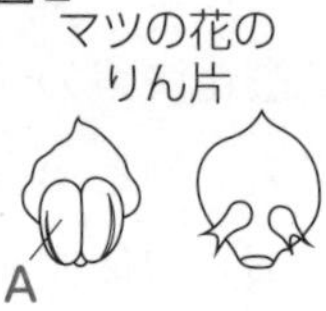

図3 アブラナの花　イ　ア　ウ　エ

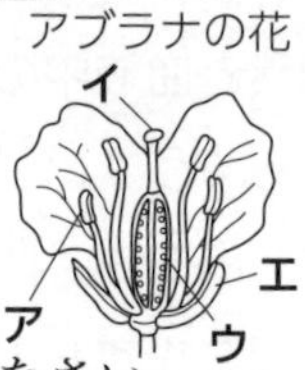

図4 葉　茎　地面　根

(1)	X	Y		(2)	(3) (図4に記入)
(4)	①	②	③	④	(5)

〔富山−改〕

❷ 動物は，それぞれのからだのつくりなどの特徴をもとに分類される。①〜⑦に分類される動物について，Ⅰ群の動物，Ⅱ群の特徴をそれぞれ選び，記号で答えなさい。(4点×7−28点)

①軟体動物　②節足動物　③魚類　④両生類　⑤ハ虫類　⑥鳥類　⑦ホ乳類

Ⅰ群　ア　イ　ウ　エ　オ　カ　キ

Ⅱ群　**あ** 外とう膜がある。　**い** からだに外骨格をもち，あしにたくさんの節がある。
う 子に乳をあたえて育てる。　**え** からだが羽毛でおおわれ，翼がある。
お 子はえらと皮膚で，親は肺と皮膚で呼吸する。　**か** あしがなく，ひれがある。
き からだがうろこでおおわれ，陸上に殻のある卵を産む。変温動物である。

①	②	③	④	⑤
⑥	⑦			

〔ラ・サール高−改〕

❸ 右の図は，ヒトのからだの中にあるさまざまな部分とそれをつなぐ血管を表している。これについて次の問いに答えなさい。なお，肺の横にある↑は肺の中での血流の方向を表している。(3点×6−18点)

| | 頭部 | | 肺 | | 心臓 | | 腎臓 | | 肝臓 | | 小腸 | | 足 |

(図：①②③④⑤⑥⑦ 頭部・肺・心臓・腎臓・肝臓⑧・小腸・足 ⑨⑩⑪⑫⑬⑭　A〜C)

(1) 右の図中 A 〜 C での血流の方向として正しい組み合わせを右の**ア〜ク**から１つ選びなさい。

(2) ⑩の血管の名称を漢字3字で答えなさい。

(3) 心臓から血管⑩を通って肺に入り，血管②から再び心臓に戻るまでの経路を何というか。漢字3字で答えなさい。

(4) ヒトの心臓は大きく4つの部屋に分けることができる。③の血管とつながれている心臓の部屋の名称を漢字3字で答えなさい。

(5) 血液に含まれる酸素の割合が最も多いのは①〜⑭のどこか。

(6) 血液中の尿素の割合が最も多いのは①〜⑭のどこか。

	A	B	C
ア	→	→	↑
イ	→	→	↓
ウ	→	←	↑
エ	→	←	↓
オ	←	→	↑
カ	←	→	↓
キ	←	←	↑
ク	←	←	↓

(1)	(2)	(3)	(4)	(5)	(6)

〔函館ラ・サール高〕

❹ 図1はヒトの目の断面を示している。次の問いに答えなさい。(18点)　図1

(1) 図1で目に入ってくる光の量を調節するaの名称を答えなさい。(4点)

(2) 目のひとみの大きさはまわりの明るさに応じて変化する。この反応の説明として誤っているものを次の**ア〜エ**より1つ選びなさい。(4点)

　ア 明るい場所ではひとみの大きさは小さくなる。

　イ この反応は反射の一種である。

　ウ この反応の判断と命令は，目の中だけで行われている。

　エ この反応では目につながっている感覚神経と，運動神経の両方がはたらく。

(3) 明るい室内での目は図2の左側の模式図のようであった。図の**ア〜エ**のうち模式図のXの名称と暗い屋外に出たあとの目のようすの組み合わせとして最も適するものを選びなさい。(4点)　図2

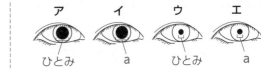
X　　ア ひとみ　イ a　ウ ひとみ　エ a

(4) 図1で，光の刺激を受けとる細胞がある部分をb〜eの中から1つ選び，また，その部分の名称を答えなさい。(3点×2−6点)

(1)	(2)	(3)	(4) 記号	名称

〔洛南高・岩手−改〕

復習ポイント

❶ 分類基準だけでなく，植物の種類の名称やサクラ，ユリなど具体的な植物名も多く覚えていることが大切。

❸ 体循環・肺循環，器官のはたらきをおさえておけば，図が変形されてもとまどうことがない。

4 大地の変化，天気とその変化

解答▶別冊8ページ

■ 次の各問いに答えなさい。

1 火山活動と火成岩

❶ 火山の噴火によって，地表に運び出された物質を火山噴出物という。火山噴出物のうち，火山ガスの主成分は何か。

❷ 噴火で出る軽くて風で遠くまで飛ばされやすい火山灰は直径が何mm以下の粒からなるか。

❸ 高温の火山ガスと火山灰や軽石，火山岩塊などが高速で山腹を流れ下る現象を何というか。

❹ マグマの冷え固まり方の違いで，火山岩や深成岩などができる。火山岩や深成岩をまとめて何というか。

❺ 深成岩は，マグマが[　　　]冷え固まってできた岩石である。[　]に10字以内の適する語句を入れ文を完成させよ。

❶ _____

❷ _____

❸ _____

❹ _____

❺ _____

2 地震と大地

❻ 図1は，ある地震を3地点で観測した結果である。震源から150kmの位置での初期微動継続時間は何秒か。

図1

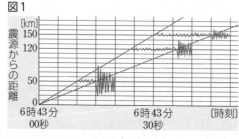

❼ P波の速さは何km/sか。

❽ 図1より，初期微動継続時間と震源からの距離はどんな関係にあるといえるか。

❻ _____

❼ _____

❽ _____

3 地層から読みとる大地の変化

❾ 図2で，Aの層は火山灰が堆積してできた岩石である。この岩石を何というか。

図2

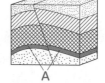

A

❿ 図2の地層のずれを何というか。漢字で書け。

⓫ 図2の地層の曲がりを何というか。

⓬ 図2で，地層のずれと地層の曲がりはどちらが先にできたと考えられるか。

⓭ フズリナ(古生代)，アンモナイト(中生代)など地層が堆積した地質年代を知ることのできる化石を何というか。

❾ _____

❿ _____

⓫ _____

⓬ _____

⓭ _____

4　気象観測と雲のでき方

〈⑭〜⑯は図3（温度と飽和水蒸気量の関係のグラフ）を用いる。〉

⑭ 気温，湿度が，25℃，63%のときの空気 1 m³ 中に含まれる水蒸気量は何 g か。小数第 1 位まで求めよ。

⑮ ⑭の空気の露点を求めよ。

⑯ ある部屋の気温と露点を時刻を変えて調べたら，

Ⅰ（26.5℃　露点 17.5℃）

Ⅱ（30.0℃　露点 17.5℃）

Ⅲ（26.5℃　露点 22.5℃）

であった。Ⅰ〜Ⅲを湿度の高い順に並べよ。

図3
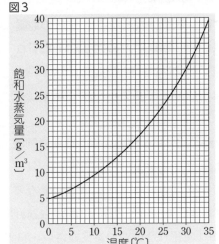

⑭ _____

⑮ _____

⑯ _____

5　前線と天気の変化

⑰ 図4は，日本付近での温帯低気圧とそれにともなう前線を示したものである。LMの前線を何というか。

⑱ 図4のP〜R地点で気温が最も高いのはどこか。

図4
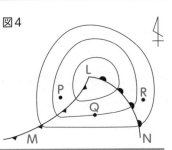

⑰ _____

⑱ _____

6　大気の動きと日本の天気

⑲ 図5は，日本の天気に影響を与える気団の位置を表している。夏に発達し，高温で多湿な気団をA〜Dから選び，また，気団名も書け。

⑳ 図5で，北西の季節風をもたらす気団をA〜Dから選び，また，気団名も書け。

㉑ 図5で，寒冷・多湿な気団をA〜Dから選び，また，気団名も書け。

図5
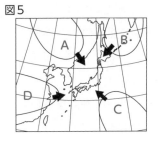

記号
⑲ 気団名 _____

記号
⑳ 気団名 _____

記号
㉑ 気団名 _____

復習ポイント

1 マグマが地表付近で急冷されてできるのが火山岩，地下深くでゆっくりと冷え固まってできるのが深成岩である。

6 気団はそれぞれ季節により発達度合いが異なるため，季節特有の気候が発達する。

【　　月　　日】

実力問題

時間	合格点	得点
40分	75点	点

解答▶別冊11ページ

❶ ある地方で地震が観測された。右図は観測地点 A ～ C の地震計の記録である。観測地点 A, B, C の震源からの距離はそれぞれ 80 km, 160 km, 240 km である。次の問いに答えなさい。(17点)

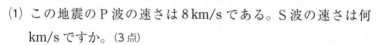

(1) この地震の P 波の速さは 8 km/s である。S 波の速さは何 km/s ですか。(3点)

(2) この地震で震源からの距離が 120 km の地点での初期微動継続時間は何秒ですか。(4点)

(3) この地震と震源が同じでマグニチュードの大きさが異なる地震が発生した場合, 観測地点 A では, ①初期微動継続時間と②ゆれの大きさはどうなるか。それぞれ,「変化する」か「変化しない」で答えなさい。(3点×2−6点)

(4) 観測地点 A でこの地震の P 波が観測され, この 4 秒後に緊急地震速報が出された。観測地点 C でこの地震の S 波が観測されたのは, 緊急地震速報が出されてから何秒後ですか。(4点)

〔沖縄−改〕

❷ 図 1 は, あるがけのスケッチである。b はフズリナが, c はアンモナイトが生息した年代の地層である。(4点×9−36点)

(1) 図 1 の地層の曲がりを何といいますか。また, どのように力が地層にはたらいてできたか, 簡潔に書きなさい。

(2) X—Y のような地層のずれを何といいますか。

(3) ビカリアの化石が見つかる可能性のある地層を a ～ e からすべて選び, 記号で答えなさい。また, フズリナとビカリアの化石は, それぞれどの年代の化石ですか。

(4) 図 2 の地層について, 次の問いに答えなさい。

①図 2 の A の層が堆積した当時, この地域には何が起こったか。簡潔に書きなさい。

②E の岩石の層はでき方から考えて何の岩石か。2 種類の岩石名を答えなさい。

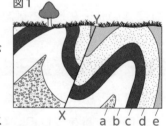

図1

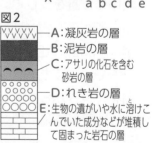

図2

A:凝灰岩の層
B:泥岩の層
C:アサリの化石を含む砂岩の層
D:れき岩の層
E:生物の遺がいや水に溶けこんでいた成分などが堆積して固まった岩石の層

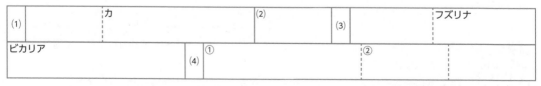

〔京都教育大附高, 広島大附高−改〕

❸ 次の各問いに答えなさい。(4点×7−28点)

(1) 右図は，11月25日の12時〜24時の1時間ごとの
気象要素のデータをまとめたものである。

①観測地点を寒冷前線が通過したと考えられる時間帯
を○時〜○時のように，1時間の範囲(はんい)で答えなさい。

✎記述 ②①のように判断した理由を気象要素を2つあげて，
簡単に書きなさい。

③ 13時と16時では湿度(しつど)が同じ80％である。13時
と16時で空気1 m³中の水蒸気量が多いのはどちらですか。

(2) 台風による災害を，強風によるもの以外に2つ簡単に書きなさい。

✎記述 (3) 勢力の強い台風が，日本列島に上陸したり，水温の低い所まで北上したりすると，おとろえ
ていくのはなぜか，その理由を「海」という言葉を使って，簡単に書きなさい。

温度〔℃〕 湿度〔%〕 気圧〔hPa〕

(1)	①		②			③	
(2)			(3)				

〔三重−改〕

❹ 次の文章を読んで，あとの問いに答えなさい。(19点)

空気1 m³に含(ふく)むことができる水蒸気の量は，そのときの温度によって決ま
る。空気1 m³に含むことができる最大量のことを（ ① ）水蒸気量という。
空気が上昇(じょうしょう)すると気圧が低くなるために空気は（ ② ）し，そのため空気は
100 m上昇するごとに，約1℃ずつ温度が下がっていく。温度が下がると①
水蒸気量は減少し，温度が露点(ろてん)に達すると，一部の水蒸気が（ ③ ）し水滴(すいてき)と
なる。このとき，（③）熱が放出されるために温度の下がる割合は小さくなり，
100 m上昇するごとに，約0.5℃ずつ温度が下がっていく。

温度〔℃〕	①水蒸気量〔g/m³〕
50	82.8
40	51.1
35	39.6
30	30.3
25	23.0
20	17.2
15	12.8
10	9.4
5	6.8
0	4.9

(1) 空欄(くうらん)（①）〜（③）に入る最も適当な語句を漢字で答えなさい。(4点×3−12点)

(2) ①水蒸気量と温度の関係を表に示す。地表において空気の温度が30℃，湿度が35％であっ
た。このとき，空気1 m³に含まれる水蒸気は何 gか，小数第1位まで答えなさい。(3点)

(3) (2)において，この空気が2000 m上昇し，体積が地表での体積に対して20％（②）した。こ
のとき，空気1 m³に含まれる水蒸気は何 gか，小数第1位まで答えなさい。(4点)

(1)	①		②		③		(2)		(3)	

〔大阪教育大附高(平野)−改〕

復習ポイント

❶ グラフの読み取りを注意深く行う。緊急(きんきゅう)地震(じしん)速報が発信できる原理の問題である。

❹ 2000 mの高さでは，気温は20℃下がり，体積が1.2倍になっている。

水圧・浮力

🎯 重要点をつかもう

1 圧力

圧力とは，ふれ合う面の1m²あたりの面積を垂直におす力のことである。

2 圧力の単位

圧力の単位には，N/m²（ニュートン毎平方メートル），Pa（パスカル）などがある。

$$1\,\text{N/m}^2 = 1\,\text{Pa}, \quad 1\,\text{hPa} = 100\,\text{Pa}$$

$$\text{圧力}(\text{N/m}^2(\text{Pa})) = \frac{\text{面を垂直におす力}(\text{N})}{\text{力がはたらく面積}(\text{m}^2)}$$

3 水の圧力

水の重さによる圧力を**水圧**といい，深いところほど，水圧は大きくなる。

4 浮力

水中の物体が自ら受ける上向きの力を**浮力**という。

Step 1 基本問題

解答▶別冊12ページ

1 図解チェック⚡ 次の図の空欄（くうらん）に適当な語句を入れなさい。

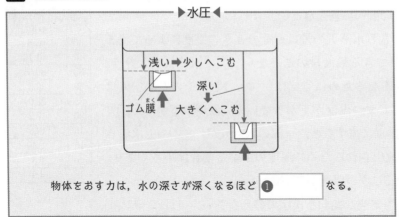

▶水圧◀

物体をおす力は，水の深さが深くなるほど ❶ □□□□□ なる。

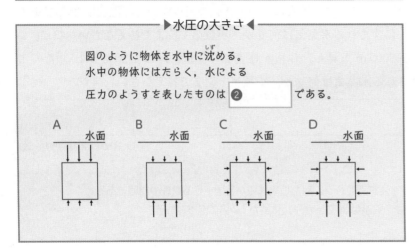

▶水圧の大きさ◀

図のように物体を水中に沈（しず）める。
水中の物体にはたらく，水による
圧力のようすを表したものは ❷ □□□□ である。

A 水面　　B 水面　　C 水面　　D 水面

Guide

⚠️注意 **水の圧力（水圧）**
水の圧力〔Pa〕= 10000〔N/m²〕× 水の深さ〔m〕（水による圧力は深さに比例する。）
このことから，水深1cmでの水圧の大きさは100Paである。

🎓くわしく **水圧と浮力**
物体を水に沈めたとき，物体にはたらく水圧には物体の上面と下面で差が生じる。下面にはたらく水圧のほうが大きいため，物体に上向きにはたらく力が発生する。この力が浮力である。

2 ［水圧の大きさ］右の図のように，うすいゴム膜を張った透明な円筒を水槽に沈めた。これについて，次の問いに答えなさい。

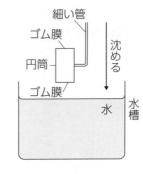

(1) 右の図のような向きで物体を沈めたとき，ゴム膜はどのようにへこむか，次の**ア〜エ**から選びなさい。　　［　　　　］

ア　　　イ　　　ウ　　　エ

(2) 細い管の向きを変えて，円筒の物体を左に90度回転させて沈めたとき，ゴム膜はどのようにへこむか，次の**ア〜エ**から選びなさい。　　［　　　　］

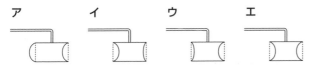

ア　　　　イ　　　　ウ　　　　エ

3 ［浮力］右の図のように，直方体の物体がすべて水中に沈められている。次の文章は，この物体にはたらく力について述べたものである。文章中の①〜⑦にあてはまる言葉をそれぞれ書きなさい。

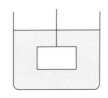

　水中にある物体には，水圧がどの方向からもはたらいている。水圧は，物体の上面では［①　　　　］向きにはたらき，物体の底面では［②　　　　］向きにはたらいている。物体にはたらく水圧の大きさは上面と底面では，［③　　　　］にはたらくほうが大きい。つまり，物体を沈めたときに，物体には［④　　　　］向きの力がはたらく。この力のことを浮力とよぶ。

　また，物体には重力がはたらいている。重力は［⑤　　　　］向きにはたらいている。物体にはたらく浮力と重力の大きさを比べたときに，浮力のほうが大きければ物体は［⑥　　　　］。重力の方が大きければ物体は［⑦　　　　］。

くわしく　水圧の向き
　物体を水中に沈めたとき，水から物体に対して，どの方向からも水圧がはたらく。物体の上面には下向きに，物体の底面には上向きの力がはたらく。

注意　水圧の大きさ
　物体を水中に沈めたとき，物体にはたらく水圧は深いところほど大きくなる。深さが同じところでは，どの向きにも同じ大きさの力がはたらく。

くわしく　浮力の大きさ
　浮力は物体の水中にある部分の体積と同じ体積の水にはたらく重力に等しい。これをアルキメデスの原理という。

注意　物体の浮き沈み
　液体の中に物体を入れたとき，液体の密度よりも小さな密度の物体は浮き，大きな密度の物体は沈む。水の場合，物体の密度が水の密度である $1\,\mathrm{g/cm^3}$ より小さければ，物体は水に浮かぶ。

1・2年の復習　第1章　第2章　第3章　第4章　第5章　総仕上げテスト

重要 **1** [水の圧力] 右の図のような形をした容器に水を入れた。次の問いに答えなさい。

10cm
20cm
30cm
A
B
C
・D
E
水
水平面

(1) 図のA～Eの中で，水の圧力がいちばん大きい点はどこですか。

(2) 図のA～Eの中で，水の圧力の等しい点はどことどこですか。

(3) A点での水の圧力とE点での水の圧力との比を，最も簡単な整数比で書きなさい。

(4) D点における水の圧力は，どの向きにはたらいていますか。次の**ア**～**エ**から選び，記号で答えなさい。

　ア 上向き　　　　**イ** 下向き

　ウ あらゆる向き　　**エ** 左右方向

(5) 深さが30 cmのE点にかかる水の圧力は，何Paですか。

2 [浮力] 空気中でばねばかりではかると2.5 Nであった物体を，右の図のように水中に入れてはかったら，1.5 Nであった。次の問いに答えなさい。

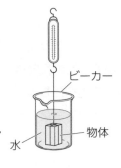

ビーカー
水
物体

(1) 物体が水から受ける浮力は何Nですか。

(2) 物体を(1)よりも深く沈めて浮力をはかると，浮力の大きさはどうなりますか。

3 [浮力] 浮力について正しい文を選び，記号で答えなさい。

　ア 水中で浮力が生じるのは，物体の上の面と下の面ではたらく水圧の大きさがちがうからである。

　イ 水中の物体の上の面と下の面にはたらく水圧は同じである。

　ウ 浮力と体積の大きさの差によって浮くか沈むかがきまる。

　エ 水中では，物体にはたらくのは，上向きの力だけである。

4 [水圧と浮力] 浮力について調べるために，次のような実験を行った。これらの実験と結果について，あとの問いに答えなさい。

---

1 (8点×5−40点)

(1)
(2)
(3)
(4)
(5)

ワンポイント

水の圧力の大きさは，水の深さが深いほど，大きい。

2 (8点×2−16点)

(1)
(2)

ワンポイント

浮力の大きさ〔N〕＝ 空気中ではかった値〔N〕−水中ではかった値〔N〕

3 (8点)

ワンポイント

水中ではあらゆる向きから同じ大きさで，水の圧力（水圧）がはたらく。

ただし，質量 100 g の物体にはたらく重力の大きさは 1.0 N とし，糸の質量と体積は考えないものとする。

実験 I 図1のように，物体Xをばねばかりにつるし，a〜dの位置におけるばねばかりの値を測定した。また，物体Xを材料が異なる物体Y，物体Zにかえて同様の操作を行った。表は，これらの結果をまとめたものである。

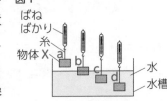
図1

物体の位置	a	b	c	d
物体Xのばねばかりの値〔N〕	0.50	0.40	0.30	0.30
物体Yのばねばかりの値〔N〕	0.40	0.30	0.20	0.20
物体Zのばねばかりの値〔N〕	0.50	0.45	0.40	0.40

実験 II 図2のように，質量 150 g の鉄のおもりと質量 150 g の鉄でつくった船を用意し，これらを水槽の水に静かに入れたところ，図3のようになった。

(1) 図1のdの位置における物体Xにはたらく浮力の大きさを次のア〜オから1つ選び，記号で答えなさい。

　　ア 0 N　　イ 0.1 N　　ウ 0.15 N　　エ 0.20 N　　オ 0.30 N

(2) 物体X〜Zについて述べたものとして最も適するものを次のア〜オから1つ選び，記号で答えなさい。

　　ア 物体Xと物体Yの密度は等しい。

　　イ 物体Xと物体Zの密度は等しい。

　　ウ 物体X〜Zの中では，物体Xの密度が最も大きい。

　　エ 物体X〜Zの中では，物体Yの密度が最も大きい。

　　オ 物体X〜Zの中では，物体Zの密度が最も大きい。

記述式
(3) 次の文章は，実験についてまとめたものである。文中のAに適する内容を，「船」と「浮力」という2つの語句を用いて 20 字以内で書きなさい。また，Bにあてはまるものをあとのア〜エから1つ選び，記号で答えなさい。

> 　実験 I の結果から，物体の水中に沈んでいる部分の体積が大きいほど，物体にはたらく浮力が大きいことがわかる。このことから，実験 II では，鉄でつくった船を静かに水槽の水に入れていくと，船にはたらく浮力は増加していき，　A　ところで船は水に浮き，静止したと考えられる。このとき，この船にはたらいている浮力は　B　となる。

　　ア 0 N　　イ 0.5 N　　ウ 1.0 N　　エ 1.5 N　　〔神奈川－改〕

---

4 (9点×4－36点)

(1)	
(2)	
(3)	A B

図2

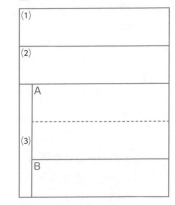
鉄の
おもり
鉄でつくった船

図3

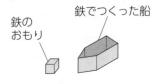
鉄でつくった船
水
水槽
鉄の
おもり

ワンポイント
(2)密度＝(物体の質量)÷(物体の体積)である。
　a の位置での値から物体の質量がわかる。

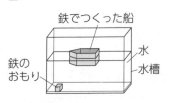

1・2年の復習
第1章
第2章
第3章
第4章
第5章
総仕上げテスト

2. 力の合成・分解

重要点をつかもう

1 2力のつりあい

1つの物体に2つの力が加わって動かないとき，その2力はつりあっているという。つりあっている2力は，

①力の大きさが等しい。
②向きが逆である。
③同一直線上にある。

の3つの条件を満たす。

2 同一直線上の2力の合成

同じ向きの2力の合力の大きさは，2力の和に等しい。反対向きの2力の合力の大きさは，2力の差に等しく，もとの2力の大きいほうと同じ向きになる。

3 同一直線上にない2力の合成

2力を矢印で表し，これらを2辺とする平行四辺形の対角線の矢印が合力の大きさと向きを表す。

4 力の分解

1つの力が方向の違う2つの力に分かれて同じはたらきをするとき，その分力は，もとの力を対角線とする平行四辺形の2辺で表される。

Step 1 基本問題

解答▶別冊13ページ

1 図解チェック⚡ 次の図の空欄に適当な語句，数字を入れなさい。

▶2力の合成と分解◀

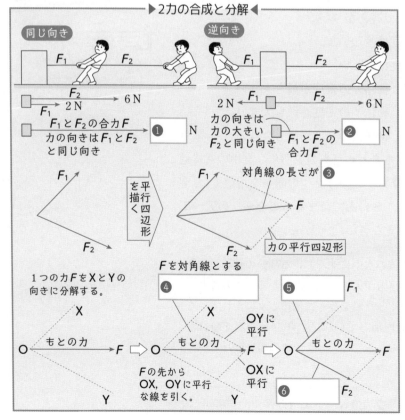

Guide

ことば **力の三要素**
力の作用点，力の向き，力の大きさを力の三要素という。

①力の作用点…力がはたらいている所
②力の向き…力がはたらいている向き
③力の大きさ…矢印の長さ

注意 **2力のつりあい**
①2力の大きさは，等しい。
②2力の向きは，反対向きである。
③2力は，同一直線上にある。

力の大きさが同じ
力の向きが反対
一直線上にある

同一直線上にない2力の合力Fの大きさは，2つの力F_1，F_2の大きさの和にはならず，

$$F \neq F_1 + F_2$$

であることに注意する。

2 [分　力] 次の実験について，あとの問いに答えなさい。

実験　図1のように，物体Aに糸1，2と
ばねばかりをとりつけ，手で引いて持ち
上げた。次に物体Aを静止させて，ばね
ばかりの示す値を読みとった。このとき，
角 x，y は常に等しくなるようにした。

図1
ばねばかり
糸1　糸2
物体A

(1) 実験について，糸1，2が物体Aを引く力は，
重力とつりあう力を糸1，2の方向に分解し
て求めることができる。図2の F は重力と
つりあう力を表している。F を糸1，2の方
向に分解した分力を F_1，F_2 とするとき，F_1，
F_2 をそれぞれ図2に描きなさい。

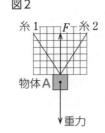
図2
糸1　F　糸2
物体A
重力

(2) 図2で，F を糸1，2の方向に分解した分力 F_1，F_2 の大きさは，
糸1，2の間の角度を変えると変化する。分力 F_1，F_2 の大きさ
が $F_1=F$，$F_2=F$ となるとき，糸1，2の間の角度を $0°\sim180°$
の範囲内で求めなさい。　　　　　[　　　　　]

〔宮崎−改〕

3　[力の合成] 次のア〜エは，大きさがいずれも1Nで向きの違
う2つの力を矢印で表したものである。2つの力の合力の大きさ
が1Nになるのはどれですか。　　　　[　　　　　]

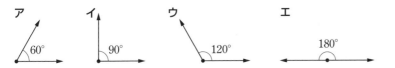
ア　60°　イ　90°　ウ　120°　エ　180°

4　[力の分解] 質量40gのおもりを右の
ように糸でつるした。次の問いに答え
なさい。ただし，質量100gの物体に
はたらく重力の大きさを1N，$\sqrt{2}=1.4$，
$\sqrt{3}=1.7$ とする。

糸A　45° 45°　糸B
糸C

(1) 次の力を作図しなさい。ただし，方
眼の1目盛りを0.1Nとする。
①糸Cがおもりを引く力
②糸A，糸Bがおもりを引く力

(2) 糸Aがおもりを引く力は何Nか。小数第2位まで求めなさい。
　　　　　[　　　　　]

1・2年の復習
第1章
第2章
第3章
第4章
第5章
総仕上げテスト

くわしく　つりあう力と作用・
反作用の違い

・つりあう力…1つの物体に
はたらく2力。
・作用・反作用…2つの物体
がそれぞれ相手の物体には
たらく力。2力の作用点は
別々の物体にある。

くわしく　斜面上の物体
　斜面上の物体には，
重力(F)と垂直抗力(N)がは
たらいている。重力(F)は，
斜面に平行な分力(F_1)と斜面
に垂直な分力(F_2)に分解して
考えることができる。

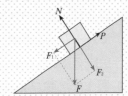
N　P　F_1　F_2　F

この物体が静止しているとき，
F_1 と物体と斜面との間にはた
らく摩擦力(P)および F_2 と物
体にはたらく斜面からの垂直
抗力(N)がつりあっている。
$F_1=P$，$F_2=N$

ひと休み　正方形・長方形・平
行四辺形と対角線の
長さ

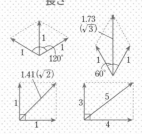
1.73
($\sqrt{3}$)
1　1　120°
1　1　60°
1.41($\sqrt{2}$)
1　1
3　5　4

解答▶別冊14ページ

1 [力の合成と分解] 次の文を読み，図1
あとの問いに答えなさい。

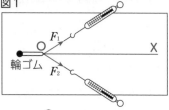

　図1は，輪ゴムを2つのばねば
かりで点Oの位置まで引き，力の
合成と分解について調べるようす
を模式的に表している。線分OXは輪ゴムの伸びの方向を示す。

　また，図中の矢印は，それぞれのばねばかりで引いている力F_1，
F_2を表したものであり，F_1とF_2の大きさは等しくなっている。

記述式 (1) ばねばかりを引いて2力の大きさを測定することができるのは，
ばねにはたらく力の大きさとばねの伸びとの間にどんな関係が
あるためか。簡潔に書きなさい。

重要 (2) 図2に，2つのばねばかりで引い
ている力F_1，F_2の合力を作図し，
矢印で表しなさい。

記述式 (3) 図1で，輪ゴムの伸びを一定に
保ったまま，それぞれのばねばか
りを引いている方向と線分OXと
の間の角度を同じだけ小さくして
いくと，それぞれのばねばかりで引いている力の大きさはどの
ように変化するか，簡潔に書きなさい。

図2

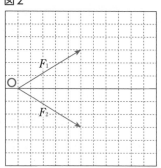

〔広 島〕

1 (8点×3−24点)

(1)	
(2)	(図に記入)
(3)	

ワンポイント

(2) 一直線上にない2つの
力の合力を求めるには，
力の平行四辺形を用い
る。

2 [分力の大きさ] ばねばかりを用いて，①～⑤の手順で実験を
行った。これについて，あとの問いに答えなさい。ただし，実験
で力の矢印を描くときは，1Nを5cmの長さとした。

実験　①図1のように，1本のばねばかりで輪ゴムにつけた金属
の輪を1Nで引き，輪の中心O点を描く。

②図2のように，2本のばねばかりで角度をつけて輪ゴムをO
点まで引き，それぞれのばねばかりにつけた金属の輪の中心
A点，B点を描く。また，それぞれのばねばかりの値を記録
する。

③図3のように，1本のばねばかりが金属の輪を1Nで引く力
F_1の矢印を描き，輪ゴムが金属の輪を引く力F_2の矢印を描く。

2 (18点×2−36点)

(1)
(2)

図1

④ ②で記録した値に合わせて，図3のように，O点からA点の向きに力Aの矢印を描き，O点からB点の向きに力Bの矢印を描く。

⑤ ②，④を角度を変えて行い，力の関係を調べる。

(1) 図3の力Bの大きさは0.8 Nであった。力Bの矢印の長さは何cmですか。

(2) 力A，力B，力F₁の大きさがすべて1Nのとき，力Aと力Bの間の角度は何度か。0°～180°の範囲で書きなさい。〔岐阜－改〕

1・2年の復習
第1章
第2章
第3章
第4章
第5章
総仕上げテスト

図2

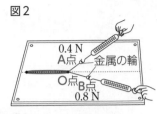

図3

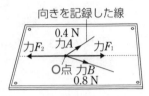

向きを記録した線

3 [力の合成と分解] 図1，図2，図3は水を入れた質量10 kgのバケツを2人でひもで持ち上げ，静止した3通りの状態を表している。次の問いに答えなさい。

図1　図2　図3

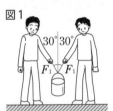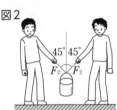

(1) 図1，図2，図3でそれぞれの手にかかる力F₁，F₂，F₃の大小関係を正しく表しているものを次のア～エから選びなさい。

$\mathbf{ア}$　$F_1 = F_2 = F_3$

$\mathbf{イ}$　$F_2 > F_3 > F_1$

$\mathbf{ウ}$　$F_1 > F_2 > F_3$

$\mathbf{エ}$　$F_3 > F_2 > F_1$

(2) 図3で1人の手にかかる力は何Nですか。ただし，質量100 gの物体にはたらく重力の大きさを1Nとする。〔富山〕

3 (12点×2－24点)

(1)	
(2)	

ワンポイント

(1) 1つの力を2つの力に分解するとき，角度が小さいほど，分力は小さくなる。

重要 **4** [力のつりあい] 質量100 gの物体に，0.1 Nの力を加えると1 cm伸びるばねをつけ，右の図のような斜面上に静かに置いて，ばねの上端をくぎで固定した。このとき，ばねは何cm伸びましたか。ただし，物体と斜面の間の摩擦およびばねの質量は考えず，質量100 gの物体にはたらく重力の大きさを1Nとする。

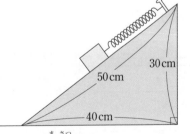

30cm
50cm
40cm

4 (16点)

ワンポイント

物体には，斜面をすべりおりる力がはたらいており，その力とばねにはたらく力がつりあう。

3 運動のようすとその記録

🎯 重要点をつかもう

1 物体の速さ

物体が一定(単位)時間(1秒間,1分間,1時間)に移動する距離。

$$速さ〔m/s〕 = \frac{移動距離〔m〕}{移動にかかった時間〔s〕}$$　　　速さの単位　cm/s, m/s, km/h　などを用いる。

①**平均の速さ**……ある距離を同じ速さで動き続けたものとして求めた速さ。上の式で求められる。

②**瞬間の速さ**……速度計などに表示される速さで,ある地点でのできるだけ短い時間の移動距離を
測定して求める。

2 運動の記録

記録タイマー(1秒間に50回,または60回打点する装置)を使って,運動する物体の速さを知ることができる。

① `:· · · · · · · · ·`
② `:· · · · · ·`
③ `:· · · · · ·`

①**速さが大きくなる(はやくなる)とき**

②**速さが小さくなる(おそくなる)とき**　　③**速さが変わらないとき**

Step 1 基本問題

解答▶別冊14ページ

1 図解チェック⚡ 次の図の空欄に,適当な語句,数字を入れなさい。

▶記録タイマーでの運動の記録◀

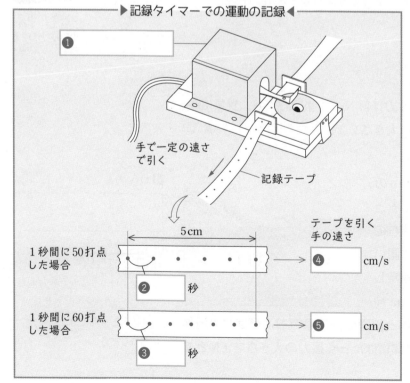

① [　　　　]

手で一定の速さ
で引く

記録テープ

5cm

1秒間に50打点
した場合

② [　] 秒

テープを引く
手の速さ

④ [　] cm/s

1秒間に60打点
した場合

③ [　] 秒

⑤ [　] cm/s

Guide

ことば 物体の速さ

移動した距離を時間で割って速さを求める。1秒間に50回打点すると,1打点の間隔が $\frac{1}{50}$ 秒なので,5打点では $\frac{5}{50} = \frac{1}{10}$ 秒=0.1秒となる。

くわしく 記録タイマー

交流用の記録タイマーは,東日本では1秒間に50回,西日本では1秒間に60回,記録テープに打点する。

▲交流用記録タイマー

2 [速　さ] 次の問いに答えなさい。

(1) 1秒間に 50 cm 動いたときの速さは何 m/s ですか。
[　　　　　　　]

(2) 1分間に 200 m 動いたときの速さは何 km/h ですか。
[　　　　　　　]

(3) マラソン（42.195 km）を 2時間 10分で完走した選手の速さは，整数値でおよそ何 m/min ですか。
[　　　　　　　]

(4) 自動車のスピードメーターのように，ごくわずかな時間に移動した距離をその時間で割って求めた速さを何といいますか。
[　　　　　　　]

(5) ある物体にテープをとりつけて運動させ，1秒間に 50回打点する記録タイマーで記録すると，下図のようになった。AB間，AD間，DG間の物体の速さ〔cm/s〕をそれぞれ求めなさい。

1.0 cm 0.1秒	1.5 cm 0.1秒	2.0 cm 0.1秒	2.5 cm 0.1秒	2.5 cm 0.1秒	2.5 cm 0.1秒
A　B	C	D	E	F	G

AB間 [　　　　　] 　AD間 [　　　　　] 　DG間 [　　　　　]

3 [速さの変化] 次のア～カの記号を用いて，下の表を完成させなさい。

記録タイマーで打点された結果（A）	速さと時間の関係（B）
ア　・　　・　　・　・　・・・	エ　(速さ vs 時間：減少する直線)
イ　・・・　・　・　・　・	オ　(速さ vs 時間：一定の直線)
ウ　・・・・・・・・　・	カ　(速さ vs 時間：増加する直線)
← 記録用紙の引かれた向き	

	(A)	(B)
速さが一定の運動	①	②
速さが増加する運動	③	④
速さが減少する運動	⑤	⑥

ことば ■速　さ
速さ〔cm/s〕
$= \dfrac{移動した距離〔cm〕}{移動に要した時間〔s〕}$

■速さの単位
① m/s…1秒間に移動した距離〔m〕
② km/h…1時間に移動した距離〔km〕

くわしく 運動の記録
　物体の運動を記録するには，ストロボスコープを使用して一定時間ごとに光をあて，カメラで撮影する方法がある。また，ビデオカメラやデジタルカメラを使用する方法もある。

▲ストロボスコープ

注意 記録タイマーからわかること
① **物体の移動距離**…打点間は，一定時間に物体が移動した距離を示している。
② **平均の速さ**…打点間の移動距離を打点に要した時間で割ると，その打点間の平均の速さが求められる。
③ **運動のようす**…記録テープを一定打点ごとに切って紙にはると，物体の運動（速さ）のようすがわかる。

重要

1 [台車の運動と速さ] 台車が斜面を下る運動について調べるために，次の実験を行った。これについて，あとの問いに答えなさい。ただし，空気抵抗や台車と面との摩擦は考えないものとし，斜面と水平な床はなめらかにつながっているものとする。

1 (10点×3−30点)

(1) _____

(2) ① _____　② _____

実験Ⅰ　図1のように，紙テープをつけた台車を斜面上に置き，静かにはなしたところ，台車は斜面を下った。

図1

紙テープ　記録タイマー　台車　床

台車が手からはなれたあとの運動を，$\frac{1}{50}$秒間隔で点を打つ記録タイマーを用いて紙テープに記録した。図2は，記録された紙テープを5打点ごとに切って台紙にはり，5打点ごとに移動した距離を示したものである。

実験Ⅱ　実験Ⅰよりも斜面の傾きを大きくして，紙テープをつけた台車を斜面上に置き，静かにはなしたところ，台車は斜面を下った。図3は，台車が手からはなれた後の運動について，記録された紙テープを5打点ごとに切って台紙にはり，5打点ごとに移動した距離を示したものである。

図2

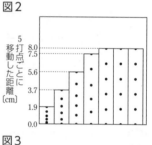
5打点ごとに移動した距離〔cm〕
8.0　7.5　5.6　3.7　1.9　0.0

図3

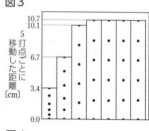
5打点ごとに移動した距離〔cm〕
10.7　10.1　6.7　3.4　0.0

記述式

(1) 図4は，実験Ⅰ，Ⅱで台車が斜面を下っているときの，それぞれの時間と速さの関係を表すグラフである。実験Ⅰに比べ，実験Ⅱのほうが直線の傾きが大きくなった理由を，台車にはたらく力に着目して，簡潔に書きなさい。

(2) 次の①，②の問いに答えなさい。

① 実験Ⅰにおいて，台車が斜面を下りきってから水平な面を進んでいるときの速さはいくらか，書きなさい。

② 実験Ⅰ，Ⅱにおいて，台車が斜面を下りきってから水平な床を進んでいるときの，時間と移動距離を表すグラフとして最も適切なものを，次のア〜エから選びなさい。

図4

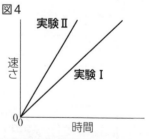
実験Ⅱ　実験Ⅰ　速さ　0　時間

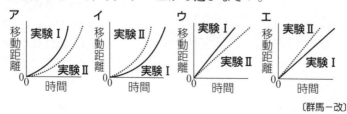

ア　移動距離　実験Ⅰ　実験Ⅱ　0　時間
イ　移動距離　実験Ⅱ　実験Ⅰ　0　時間
ウ　移動距離　実験Ⅰ　実験Ⅱ　0　時間
エ　移動距離　実験Ⅱ　実験Ⅰ　0　時間

〔群馬−改〕

ワンポイント

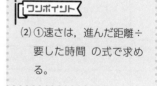

(2)①速さは，進んだ距離÷要した時間　の式で求める。

2 [速さと距離]
右のグラフはA駅を出発した電車がB駅に到着

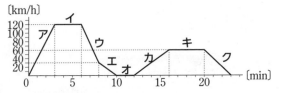

後，一定時間停車し，B駅を出発した後，C駅へ到着するまでの電車の速度と時間の関係を示したものである。これについて，次の問いに答えなさい。

(1) 電車の速さが一定であるのはどの区間か。次の**ア～ク**からすべて選び，記号で答えなさい。

ア 0～3分　　**イ** 3～6分　　**ウ** 6～8分　　**エ** 8～10分

オ 10～12分　**カ** 12～16分　**キ** 16～20分　**ク** 20～23分

(2) A駅からB駅までの距離は何kmか，答えなさい。

(3) A駅からB駅までの距離と，B駅からC駅までの距離は，どちらが長いか，答えなさい。

(4) A駅からB駅の間，およびB駅からC駅の間の電車の平均の速さを答えなさい。ただし，用いる単位はkm/hとし，必要ならば小数第1位を四捨五入し，整数で答えること。

3 [運動の記録] 図1のように，台車におもりをつけた糸を結びつけ，台車を水平な机の上に置いて手で静止させた。静かに手をはなすと台車は動き始め，しばらくするとおも

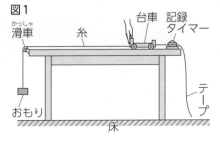

りは床について静止したが，台車はその後も動き続けた。図2は，台車の運動を1秒間に60回打点する記録タイマーでテープに記録したもので，台車が動き始めた時点の打点Aから6打点ごとにB，C，D，E，F，Gとし，それぞれの区間の長さをはかったものである。これについて，次の問いに答えなさい。ただし，摩擦による影響はないものとする。

(1) 図2で，記録タイマーがCを打点してからDを打点するまでにかかった時間は何秒ですか。

(2) 図2をもとにして，台車が動き始めてから0.6秒後までの，時間と台車の速さの関係を図3にグラフで表しなさい。 〔徳島　改〕

2 (8点×5−40点)

(1)	
(2)	
(3)	
(4)	A駅からB駅 B駅からC駅

3 (15点×2−30点)

(1)	
(2)	（図3に記入）

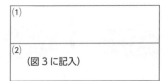

ワンポイント

(1) 1秒間に60回打点する記録タイマーでは，1打点するのに $\frac{1}{60}$ 秒かかる。

(2) 1区間ごとの平均の速さを求めてから，グラフで表す。

図3

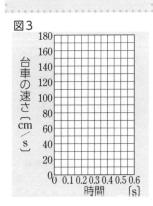

4 力と物体の運動

重要点をつかもう

1 速さが変わる運動

物体の運動と同じ向きに力がはたらくと速さは**大きくなり**，物体の運動の向きと**逆向き**に力がはたらくと速さは**小さくなる**。摩擦力は物体の運動の向きとは**逆向き**にはたらき，物体の速さは小さくなり，最後には停止する。

2 等速直線運動

一定の速さで一直線上を動く運動。

移動距離＝速さ×時間

3 慣 性

物体がその運動を続けようとする性質。すべての物体には慣性がある。

4 慣性の法則

物体に力がはたらいていないとき，または，はたらいていても力がつりあっているときには，**静止している物体はいつまでも静止し，運動している物体はいつまでも等速直線運動を続ける**。

▶ **速さが変わる運動**

・物体の運動と同じ向きに力がはたらくとき
・物体の運動と逆向きに力がはたらくとき

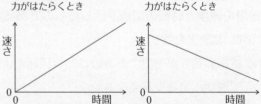

▶ **等速直線運動**（物体に力がはたらかないとき）

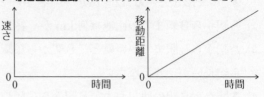

Step 1 基本問題

解答▶別冊15ページ

1 図解チェック⚡ 次の図の空欄に，適当な数字を入れなさい。

▶速さが変わる運動（斜面上の落下運動）◀

斜面に沿って物体が落下するようすを記録タイマーで記録する。

1秒間に50回打点する記録タイマー

台車からテープをはずし，左右反対にする。

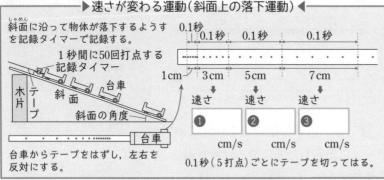

0.1秒（5打点）ごとにテープを切ってはる。

▶速さが変わらない運動（等速直線運動）◀

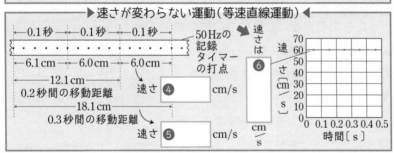

Guide

くわしく **加速度**

🎓 一定時間（1秒間）ごとの速さの変化する割合を加速度という。加速度が一定となるような運動を等加速度運動という。自由落下などで示される，$v=at$ の a の値が加速度で，単位は cm/s^2（センチメートル毎秒毎秒）となる。

速さが時間とともに一定の割合で増加する。

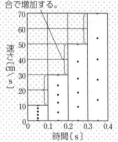

2 [運　動] 次の問いに答えなさい。

(1) 速さが一定で，一直線上を走る自動車の運動を何といいますか。
[　　　　　　　　]

(2) (1)では，物体の移動距離と時間はどのような関係になっていますか。
[　　　　　　　　]

(3) 物体に力がはたらかないか，はたらいていてもつりあっている場合は，静止している物体は静止を続け，運動している物体は，(1)を続ける。①この法則を何といいますか。②また，物体のもつこのような性質を何といいますか。
① [　　　　　　] ② [　　　　　　]

3 [運動のようす] 次のア～エの図は，いずれも一直線上のみを動く物体のようすを表したものである。(1)～(4)のそれぞれの運動にあてはまるものを図のア～エからすべて選びなさい。

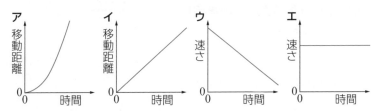

(1) 物体の速さが，じょじょに増加していく運動。 [　　　　　]

(2) 物体の速さが，じょじょに減少していく運動。 [　　　　　]

(3) 外部から物体に力がはたらいていないか，はたらいている力が他の力とつりあっていると考えられる運動。 [　　　　　]

(4) 外部から物体に力がはたらいていると考えられる運動。
[　　　　　] 〔天理高〕

4 [力のはたらかない運動] 下の図は，摩擦のないなめらかな水平面上を直線運動している物体に，0.1秒ごとに光をあてて撮影したストロボ写真を示している。次の問いに答えなさい。

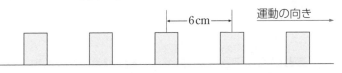

(1) この物体の運動の速さは何cm/sですか。 [　　　　　]

(2) この物体が3m移動するのにかかる時間は何秒ですか。
[　　　　　]

(3) ある場所で撮影されてからこの物体が30cm移動する間に，光を何回あてましたか。 [　　　　　]

1・2年の復習
第1章
第2章
第3章
第4章
第5章
総仕上げテスト

くわしく　等速直線運動
　移動距離と時間の関係を表すグラフでは，グラフの傾きが一定ならば等速直線運動をしていることを表す。

ことば　慣　性
　物体がその運動を続けようとする性質。
乗り物に乗っているときに急ブレーキがかかると，からだが前に行こうとするのはその例である。

注意　等速直線運動をしている物体にはたらいている力
摩擦のない水平面上で等速直線運動をしている物体には，地球の重力と水平面から重力に等しい垂直抗力がはたらいて，この2つの力がつりあっている。

くわしく　自由落下運動
　物体に一定の力がはたらくと，物体の速さは，時間に比例して変化する。
物体を自由落下させたときの時間 t と速さ v との関係をグラフにすると，傾きが一定の直線となり，時間 t(s)との間に落下した距離 s(m)は下のグラフの斜線部分の面積で表される。

Step ② 標準問題

1 [斜面を運動する台車] 図1のような装置を用いて，なめらかな斜面上に力学台車を置き，静かにはなした。このときの力学台車が，斜面上を80cm下っていく運動のようすを，1秒間に60回打点する記録タイマーでテープに記録した。図2は，このとき記録されたテープについて，K点から

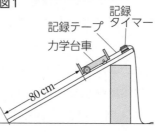

図1

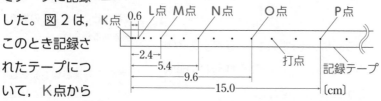

図2

各打点までの距離を，3打点ごとにはかった結果の一部を示したものである。これについて，次の問いに答えなさい。

(1) 図2で，L点とM点の間の平均の速さは何cm/sですか。

(2) 図2で，P点から次の3打点目のQ点は，K点から何cmの距離にあると考えられますか。

(3) 図1の装置について述べた次の文中の①，②にあてはまる適切な語句を答えなさい。

　斜面の傾きを大きくすると，力学台車が斜面を下りはじめてから，斜面上を一定時間移動したときの移動距離が ① なった。また，斜面の傾きを小さくすると，力学台車が斜面を下りはじめてから，斜面上の一定距離を移動するのにかかる時間が ② なった。

重要 (4) 斜面を下る力学台車にはたらく力の大きさについて，適切なものを次のア～エから1つ選びなさい。

　ア だんだん大きくなる　　イ 0である　　ウ 一定である
　エ だんだん小さくなる
〔香川―改〕

2 [斜面上の運動] 次の実験について，あとの問いに答えなさい。

実験　①図のように，斜面上のS点に台車の先端を合わせ，手で支えた。台車から手をはなすと，台車は斜面を下った。このときの運動を，1秒間に50回打点する記録タイマーを用いて紙テープに記録した。

②はっきり区別できる最初の打点を0打点目とし，その打点から

---

1 (8点×5－40点)

(1)	
(2)	
(3)	①
	②
(4)	

ワンポイント

(2) 斜面を下る運動では，時間とともに速さは一定の割合で大きくなる。運動のようすをくわしく理解するには，斜面上を一定時間に移動する距離が大きくなっていく割合にも着目する。

---

2 (12点×2－24点)

(1)	
(2)	

5打点ごとに印をつけた。印は35打点目までつけて，0打点目
からの距離をそれぞれ調べた。表は，30打点目までの結果をま
とめたものである。

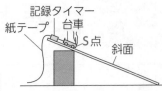
記録タイマー　台車
紙テープ
S点
斜面

印をつけた打点〔打点目〕	5	10	15	20	25	30
0打点目からの距離〔cm〕	3.5	9.7	18.6	30.2	44.5	61.5

(1) 0打点目から5打点目までの間の，台車の平均の速さを求めな
さい。

(2) 0打点目から35打点目までの距離は何cmと考えられるか，求
めなさい。　　　　　　　　　　　　　　　　　　　　〔北海道−改〕

1・2年の復習
第1章
第2章
第3章
第4章
第5章
総仕上げテスト

重要 3 ［力がはたらく運動］斜面を
走る台車の運動を調べるため，
図1のように，$\frac{1}{60}$秒ごとに点を
打つ記録タイマーで台車の運動
を記録した。図2は，ある打点
から6打点ごとにテープを区切
り，A〜Eの記号をつけたもの
である。テープの上部にはA点からの距離を示している。台車は
なめらかに運動したものとして，次の問いに答えなさい。

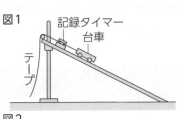
図1　記録タイマー　台車
テープ

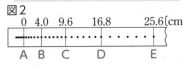
図2　0　4.0　9.6　16.8　25.6〔cm〕
A　B　C　D　E

3 (9点×4−36点)

(1)	
(2)	
(3)	
(4)	

(1) 台車が斜面
を走って
いるとき，
台車には
はたらく力を正しく示しているのはどれか。図の**ア〜エ**から1つ
選び，記号で答えなさい。

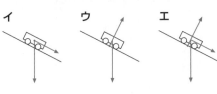
ア　　イ　　ウ　　エ

(2) 6打点ごとの区間は，時間になおすと何秒になるか。次の**ア〜
オ**から1つ選び，記号で答えなさい。
ア 0.1秒　**イ** $\frac{1}{6}$秒　**ウ** 0.6秒　**エ** 1.0秒　**オ** 6.0秒

(3) テープのBC区間での平均の速さは何cm/sですか。

(4) この台車の運動で，時間と移動距離との関係をグラフに表すと
どうなるか。次の**ア〜エ**から1つ選び，記号で答えなさい。

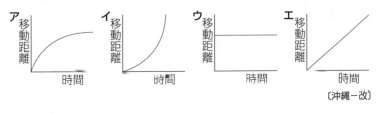
ア　移動距離／時間　イ　移動距離／時間　ウ　移動距離／時間　エ　移動距離／時間
〔沖縄−改〕

5 仕事と仕事の原理

重要点をつかもう

1 仕 事

重力や摩擦力にさからって物体を動かしたとき，仕事をしたという。単位はジュール〔J〕。

仕事〔J〕＝力の大きさ〔N〕
　　　　　　×力の向きに物体が動いた距離〔m〕

2 動滑車を使った仕事

物体を持ち上げる力は直接物体を持ち上げる場合の$\frac{1}{2}$倍，糸を引く距離は2倍になる。

3 仕事の原理

動滑車や斜面，てこなどの道具を使っても，結果として仕事の大きさは変わらない。

4 仕事率

1秒あたりにする仕事の大きさのこと。単位はワット〔W〕で表す。

仕事率〔W〕＝$\dfrac{仕事の大きさ〔J〕}{仕事にかかった時間〔s〕}$

Step 1 基本問題

解答▶別冊16ページ

1 図解チェック⚡ 次の図の空欄に，適当な語句や数字を入れなさい。

▶仕事の大きさ◀（滑車・ひもの重さや，摩擦は考えない。）

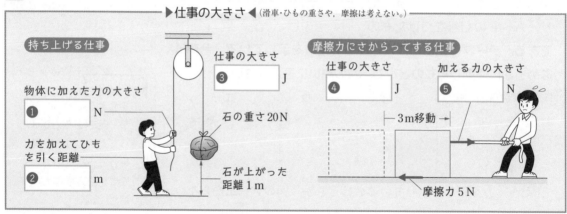

持ち上げる仕事

仕事の大きさ
③ 　　　　J

物体に加えた力の大きさ
① 　　　　N

力を加えてひもを引く距離
② 　　　　m

石の重さ20N

石が上がった距離1m

摩擦力にさからってする仕事

仕事の大きさ
④ 　　　　J

加える力の大きさ
⑤ 　　　　N

←3m移動→

摩擦力5N

▶仕事の原理◀（滑車・ひもの重さや，摩擦は考えない。）

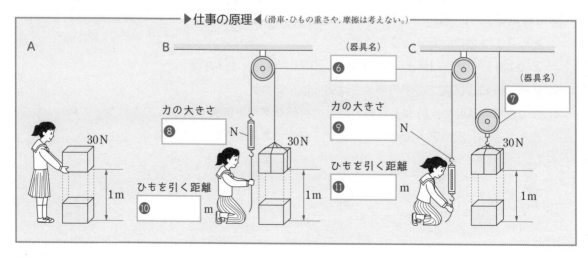

A

30N

1m

B

（器具名）
⑥

力の大きさ
⑧ 　　　　N

ひもを引く距離
⑩ 　　　　m

30N

1m

C

（器具名）
⑦

力の大きさ
⑨ 　　　　N

ひもを引く距離
⑪ 　　　　m

30N

1m

2 [滑車を使った仕事] 右の図のように，太郎さんは動滑車と定滑車を使って，5.0 Nの重力がはたらいているおもりAをゆっくりと引き上げた。次の問いに答えなさい。ただし，糸の質量や動滑車の質量，糸と滑車の間にはたらく摩擦，糸の伸び縮みはないものとする。

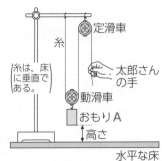

糸は，床に垂直である。
定滑車
糸
太郎さんの手
動滑車
おもりA
高さ
水平な床

(1) おもりAをゆっくりと引き上げているとき，手が糸を引く力は何 N ですか。　　[　　　　　]

(2) 次の文の①，②にあてはまる適当な数値を書きなさい。

　太郎さんが糸を ① cm 引くと，10 cm の高さにあったおもりAは，40 cm の高さまで引き上げられた。このとき，手がおもりAにした仕事は ② J である。

　　①[　　　　　]　②[　　　　　] 〔愛媛−改〕

3 [斜面を使った仕事と仕事の原理] 右の図のような装置で，斜面にある 50 N の物体を引き上げる力について調べた。これについて，次の問いに答えなさい。ただし，ひもの重さや滑車，および斜面の摩擦は考えないものとする。

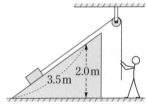

3.5 m　2.0 m

(1) 斜面上に物体が静止しているとき，物体にはたらいている力を矢印で正しく表しているのは，次の**ア〜エ**のどれか。1つ選び，記号で答えなさい。　　[　　　　　]

ア 　イ 　ウ 　エ

(2) 斜面に沿って，物体を 3.5 m 引き上げたとき，物体は床から 2.0 m の高さになった。このとき，物体にした仕事の大きさは何 J ですか。　　[　　　　　]

(3) 斜面に沿って，この物体を引き上げるためには，何 N をこえる力が必要か。小数第1位を四捨五入して，整数値で答えなさい。　　[　　　　　]

(4) (2)の仕事をするのに 10 秒の時間がかかったとすると，仕事率は何 W になりますか。　　[　　　　　] 〔山形−改〕

1・2年の復習
第1章
第2章
第3章
第4章
第5章
総仕上げテスト

Guide

くわしく　エネルギーと仕事の関係

エネルギーは仕事をする能力のことである。エネルギーの量は直接測定することはできないが，Aの物体をBの物体に衝突させてAの物体がした（Bの物体がされた）仕事ではかることができる。

注意　滑車

動滑車では，物体を引き上げる力は $\frac{1}{2}$ ですむが，引く距離は2倍になる。

ことば　仕事の原理

輪軸や斜面などの道具を使っても，力では得をするが，移動距離で損をするため，仕事の量は変わらない。これを仕事の原理という。

くわしく　なめらかな斜面上の物体にはたらく力

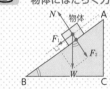

物体
A
N
F_1
F_2
W
B　C

・W…重力
・N…垂直抗力
・F_1…重力の斜面に平行な方向の分力
　（成分）$W \times \dfrac{AC}{AB}$
・F_2…重力の斜面に垂直な方向の分力
　（成分）$W \times \dfrac{BC}{AB}$

Step ② 標準問題

解答▶別冊17ページ

1 [斜面と仕事] 右の図は，斜面に
台車(質量 200 g)，ばね(1 N で 5 cm
伸びる)，糸，モーターをとりつけ
たところ，ばねが 4.0 cm 伸びて台
車は静止し，さらに，モーターで，
10 秒間一定の速さで糸を 1.5 m 巻

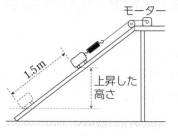
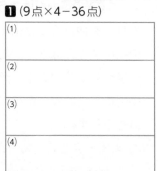

モーター
1.5 m
上昇した高さ

いたようすを表している。これについて，次の問いに答えなさい。

(1) 台車にはたらく重力の斜面に平行な分力の大きさを求めなさい。

(2) 台車が斜面に沿って 1.5 m 引き上げられたときの，台車がされ
た仕事は何 J ですか。

重要 (3) 台車を斜面に沿って 1.5 m 引き上げたときのモーターの仕事率
は何 W ですか。

(4) 台車が 1.5 m 引き上げられたとき，図の上昇した高さは何 m
ですか。
〔岩手-改〕

1 (9点×4-36点)

(1)	
(2)	
(3)	
(4)	

> 🚩 **ワンポイント**
>
> 仕事の原理より，直接上昇
> した高さまで上げるのと，
> 斜面に沿って 1.5 m まで上
> げる仕事の量は等しい。

2 [滑車を使った仕事] 物体を持ち
上げるときの仕事について調べるた
めに，滑車やおもりを用いて，次の
実験を行った。これについて，あと
の問いに答えなさい。ただし，実験
で用いた滑車とおもり A の重さは合
わせて 0.4 N であった。また，糸の
重さや滑車にはたらく摩擦
は考えないものとする。

図1

ばね
ばかり
糸を引いた距離
糸
滑車
おもりA
15 cm

図2

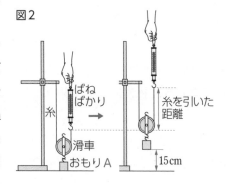

ばね
ばかり
糸を引いた距離
糸
滑車
おもりA
15cm

実験1　滑車におもり A をつ
け，右の図1のようにば
ねばかりと糸を用いて，滑
車とおもり A を高さ 15 cm
までゆっくり持ち上げ，糸
を引く力の大きさと糸を引
いた距離をはかる。

実験2　実験1で用いた滑車を動滑車として使い，上の図2のよ
うにばねばかりと糸を用いて，滑車とおもり A を高さ 15 cm ま

2 (8点×3-24点)

(1)	実験1
	実験2
(2)	

でゆっくり持ち上げ，糸を引く力の大きさと糸を引いた距離をはかる。

(1) 実験1において滑車とおもりAを高さ15 cmまで持ち上げたときの仕事の大きさと，実験2において滑車とおもりAを高さ15 cmまで持ち上げたときの仕事の量は，それぞれ何Jになるか，求めなさい。

(2) 実験1と実験2それぞれにおいて滑車とおもりAを持ち上げるとき，ばねばかりが動く速さは，ともに1 cm/sであった。それぞれの操作において滑車とおもりAを15 cm持ち上げたときの仕事率はどのような関係になるか。最も適当なものを，次のア〜ウから選び，記号で答えなさい。

ア 実験1における仕事率＞実験2における仕事率

イ 実験1における仕事率＜実験2における仕事率

ウ 実験1における仕事率＝実験2における仕事率　　〔京都－改〕

ワンポイント
(1) 動滑車を1つ使うと，力の大きさは，定滑車を使ったときの $\frac{1}{2}$ になる。
(2) 同じ仕事の量でも，仕事率が大きければ，効率がよくなる。

重要 **3** [仕事率] 下の図1は，電動機によって，動滑車につけた物体を引き上げる装置を示したものである。図2のグラフは，30秒間ひもを巻き上げていったんとめ，10秒後に再び巻き上げたときの物体の床からの高さを示したものである。これについて，次の問いに答えなさい。ただし，物体の質量は22 kg，動滑車の質量は3 kgとし，ひもの重さや動滑車の摩擦はないものとする。また，100 gの物体にはたらく重力の大きさを1 Nとする。

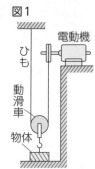

図1

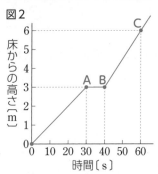

図2

(1) 物体が床を離れてから，30秒間に電動機が巻くひもの長さはいくらですか。また，そのときの仕事の大きさはいくらになりますか。

(2) グラフのBからCまでの電動機の仕事率は，0からAまでの電動機の仕事率の何倍になりますか。

(3) 電動機を，仕事率が150 Wのものに変えて，同じ物体を3 mの高さまで巻き上げる仕事をすると，何秒かかりますか。

〔東海大第一高〕

3 (10点×4－40点)

(1)	長さ	
	仕事	
(2)		
(3)		

ワンポイント
電動機は，物体の重さと動滑車の重さを合わせた $\frac{1}{2}$ の力の大きさで，床からの高さの2倍の長さのひもを巻き上げている。

1・2年の復習
第1章
第2章
第3章
第4章
第5章
総仕上げテスト

6. 力学的エネルギーの保存

重要点をつかもう

1　エネルギー

仕事をする能力のことをいう。エネルギーの単位は仕事と同じ**ジュール**(記号 J)を使う。

2　位置エネルギー

高い所にある物体がもつエネルギー。物体の位置が高いほど，質量が大きいほど大きい。**基準面**の物体の位置エネルギーを **0** とする。

3　運動エネルギー

運動している物体がもつエネルギー。物体の速さがはやいほど，また質量が大きいほど大きい。

4　力学的エネルギー

位置エネルギーと運動エネルギーの和を力学的エネルギーという。

5　力学的エネルギー保存の法則

摩擦や空気の抵抗がなければ，**力学的エネルギーの総量は一定である。**

▲ 振り子の運動
運動エネルギー最大
位置エネルギー最大
力学的エネルギー

Step 1 基本問題

解答▶別冊17ページ

1 **図解チェック** 次の図の空欄に，適当な語句を入れなさい。

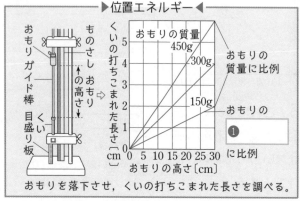

▶位置エネルギー◀

おもりガイド棒
ものさし
おもりの高さ
目盛り板

くいの打ちこまれた長さ〔cm〕

おもりの質量
450g
300g
150g

おもりの質量に比例

おもりの **❶** に比例

おもりの高さ〔cm〕

おもりを落下させ，くいの打ちこまれた長さを調べる。

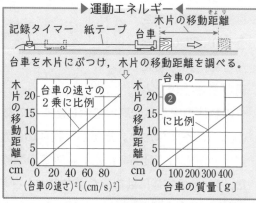

▶運動エネルギー◀

記録タイマー　紙テープ　台車
木片の移動距離

台車を木片にぶつけ，木片の移動距離を調べる。

木片の移動距離〔cm〕

台車の速さの2乗に比例

台車の **❷** に比例

(台車の速さ)²〔(cm/s)²〕

台車の質量〔g〕

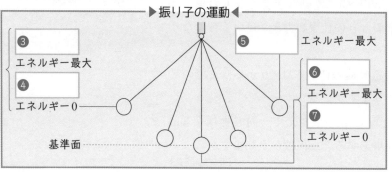

▶振り子の運動◀

❸ エネルギー最大
❹ エネルギー0

❺ エネルギー最大
❻ エネルギー最大
❼ エネルギー0

基準面

Guide

くわしく エネルギー

力学的エネルギーでは，単位としてジュール(J)を使うが，電気エネルギーでは，単位としてワット秒(Ws)やワット時(Wh)なども使われる。

2 [力学的エネルギーの移り変わり] 右の図のような装置で，物体をAから静かにはなした。次の問いに答えなさい。ただし，摩擦や空気の抵抗はないものとする。

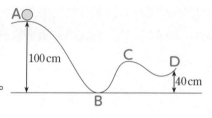

(1) 次の①，②の位置を，上図のA〜Dから選びなさい。

　①運動エネルギーが最も大きい位置。　　　[　　　　]

　②位置エネルギーが2番目に大きい位置。　[　　　　]

(2) 次の文の空欄にあてはまる語句を入れなさい。

　D点での物体がもつ力学的エネルギーは，A点での[　①　]倍であり，位置エネルギーはA点での[　②　]倍であり，運動エネルギーはA点での位置エネルギーの[　③　]倍である。

①[　　　　]　②[　　　　]　③[　　　　]

3 [力学的エネルギーの保存] 図ののように，振り子のおもりをA点からはなすと，振り子はA→B→C→D→Eのように移動した。OCは鉛直線上に，AとEは同じ高さにあるとして，次の問いに答えなさい。

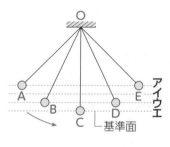

(1) ①A点でのおもりがもつエネルギー，②A→B点への移動で，増加するエネルギーの名称をそれぞれ答えなさい。

①[　　　　]　②[　　　　]

(2) おもりがA→B→C→D→Eの順に1回振れたとき，右の①，②のグラフは，それぞれ何エネルギーを表していますか。

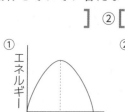 

①[　　　　]　②[　　　　]

(3) OCの中央にくぎを打ち，振り子をAから振らせると，糸がくぎにかかったあと，おもりはどの高さまで振れるか。図のア〜エから選び，記号で答えなさい。　[　　　　]

(4) おもりがC点の高さでもつ位置エネルギーはいくらですか。

[　　　　]

1・2年の復習

第1章

第2章

第3章

第4章

第5章

総仕上げテスト

くわしく　位置エネルギーと運動エネルギー

質量が同じであれば，物体の位置が高いほど位置エネルギーは大きく，速さがはやいほど運動エネルギーは大きい。

注意　力学的エネルギーの保存

力学的エネルギー＝位置エネルギー＋運動エネルギー　の関係は摩擦・抵抗のない状態では一定に保たれる。

くわしく　振り子と力学的エネルギーの保存

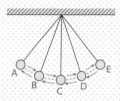

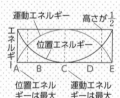

振り子の運動は位置エネルギー＋運動エネルギー＝一定が成り立っている。

ひと休み　力学的エネルギーが保存されない場合

振り子を振らせると，しばらくすると振り子は止まってしまう。これは，振り子のもつ力学的エネルギーが空気や固定した糸の部分との摩擦によって，熱や音のエネルギーとして使われるためである。

解答▶別冊18ページ

重要 **1** ［力学的エネルギー］右の図のような装置を組み，次の①～⑤のような手順で実験を行った。表は，そのときの結果をまとめたものである。これについて，あとの問いに答えなさい。ただし，空気の抵抗は無視できるものとする。

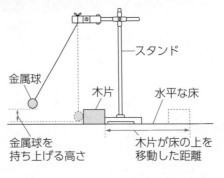

スタンド
金属球
木片
水平な床
金属球を持ち上げる高さ
木片が床の上を移動した距離

1 (12点×5−60点)

(1)	
(2)	①
	②
	③
(3)	

実験　①70gの金属球に糸を結び，糸の一方をスタンドに結んだ。

②糸がたるまないようにして金属球を5cmの高さに持ち上げ，静かに金属球をはなし，水平な床の上に置いた直方体の木片に衝突させた。

③木片が床の上を移動した距離を測定した。

④②における金属球を持ち上げる高さを10cm，15cm，20cmに変え，②，③と同様のことをそれぞれ行った。

⑤①の金属球を110gのものにとりかえ，②～④と同様のことを行った。

金属球を持ち上げる高さ〔cm〕		5	10	15	20
木片が床の上を移動した距離〔cm〕	70gの金属球	2.2	4.4	6.6	8.8
	110gの金属球	4.2	8.4	12.6	16.8

(1) 金属球を持ち上げたときに増加した金属球の位置エネルギーをA，金属球が木片に衝突する直前の金属球の運動エネルギーをB，金属球が木片に衝突した直後の木片の運動エネルギーをC，木片が床の上を動きだしてからとまるまでに失った運動エネルギーをDとしたとき，AとB，CとDのエネルギーの関係は，それぞれどのようになるか。次の**ア**～**エ**から選び，記号で答えなさい。

ア A＞B，C＞D

イ A＞B，C＝D

ウ A＝B，C＝D

エ A＝B，C＞D

(2) この実験の考察を表をもとにするとき，次の文の空欄に適当な語句を入れなさい。

ワンポイント

(1) 力学的エネルギーは保存されるので，金属球がもっていた位置エネルギーは，運動エネルギーに移り変わる。

(2) 位置エネルギーは，高さおよび質量に比例する。

1・2年の復習

第1章

第2章

第3章

第4章

第5章

総仕上げテスト

同じ金属球を使った場合，木片が床の上を移動した距離と金属球を持ち上げる高さとは，　①　の関係である。また，金属球を持ち上げる高さが同じ場合は，70 g の金属球を使ったときよりも，110 g の金属球を使ったときのほうが，木片が床の上を移動した距離が　②　ので，物体の位置エネルギーは　③　が大きいほど大きくなることがわかる。

(3) 金属球を 280 g のものにとりかえ，10 cm の高さに持ち上げて実験したところ，木片は床の上を 23.2 cm 移動した。280 g の金属球を 15 cm の高さに持ち上げて実験した場合，木片は床の上を何 cm 移動すると考えられるか。最も近いものを，次のア～エから選び，記号で答えなさい。

ア 25 cm 　　イ 30 cm 　　ウ 35 cm 　　エ 40 cm 　　〔山形－改〕

2 ［力学的エネルギー］電線用カバー(モール)を使って，図1のようなジェットコースターのモデルをつくり，鉄球を手から静かにはなして転がしたときの運動のようすを調べた。次の問いに答えなさい。ただし，C点とE点は水平面上にあり，摩擦や空気の抵抗は考えないものとする。

図1

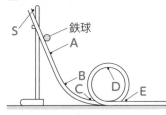

(1) 図1に示すA点～D点のうち，S点から転がしたときの鉄球の速さが最も大きい点はどこか。A点～D点から選び，記号で答えなさい。

(2) E点を通過している鉄球にはたらく力を，正しく表したものを図2のア～エから選び，記号で答えなさい。

図2
ア 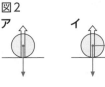 　　イ 　　ウ 　　エ

(3) E点を通過しているときの鉄球の速さは，200 cm/s であった。E点を通過したあと，0.3 秒間で鉄球が移動した距離は何 cm ですか。

記述式 (4) C点での鉄球の速さは，A点から転がしたときよりもS点から転がしたときのほうが大きくなった。その理由を，「位置エネルギー」，「運動エネルギー」という2つの語句を用いて簡潔に書きなさい。

〔福岡－改〕

2 (10点×4－40点)

(1)

(2)

(3)

(4)

┌─ ワンポイント ─┐
(2) E点を通過しているとき，鉄球は等速直線運動をしている。

Step 3 実力問題

解答▶別冊18ページ

重要 1 右の図のような斜面上にある点Aにボールを静かに置く
と，ボールは点Aから点Fまで進んだ。次の問いに答えな
さい。ただし，ボールと斜面の間には，摩擦力がはたらか
ないものとする。(6点×5—30点)

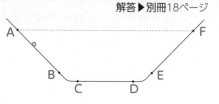

(1) ボールが①AB間，②CD間，③EF間を進むとき，進んだ時間と進んだ距離の関係はどのようにな
るか。グラフのおおよその形として最も適切なものを次の**ア〜カ**から選び，記号で答えなさい。

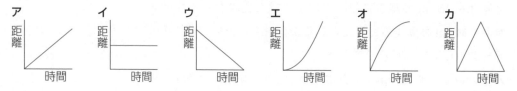

(2) ボールがAF間を進むとき，①進んだ距離と物体のもつ位置エネルギーの関係，②進んだ距
離と物体のもつ運動エネルギーの関係はそれぞれどのようになるか。グラフのおおよその形
として最も適切なものを次の**ア〜ク**から選び，記号で答えなさい。

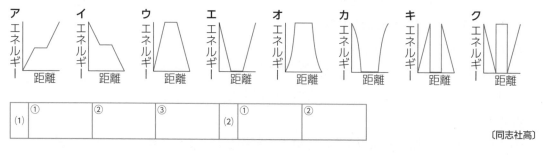

(1)	①	②	③	(2)	①	②

〔同志社高〕

2 物体は「仕事」をされると，された「仕事」の分だけ「エ
ネルギー」が変化するといわれる。各図の床の面を位置エネ
ルギーの基準面として，次の各問いに答えなさい。(35点)

重要(1) 図1のように，高さ5mの台の上に15Nの重さの物体を
ゆっくり持ち上げた。滑車1つの重さは3Nであった。

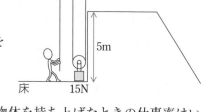

図1

①ロープを引く力の大きさはいくらですか。(5点)

②滑車にかけたロープを1秒間に80cmの速さで引いて物体を持ち上げたときの仕事率はい
くらですか。(6点)

(2) 高さ5mの台の上に持ち上げた15Nの重さの
物体を図2のように斜面から静かにすべらせた。
斜面の先の水平面に摩擦力のかかる素材を使っ
たところ，物体は水平面を6m進んでとまった。
ただし，この素材の部分以外では摩擦力は生じないものとする。

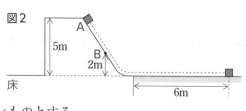

図2

①物体が A の位置でもつ位置エネルギーはいくらですか。(6点)

②物体が B の位置でもつ運動エネルギーはいくらですか。(6点)

③物体が摩擦力のはたらく水平面を 6 m 進んでとまるまでに，物体が摩擦力にさからってした仕事はいくらですか。また，このときの摩擦力の大きさはいくらですか。(12点)

(1)	①	②	(2)	①	②	③仕事	摩擦力

〔西大和学園高-改〕

3 台車の運動を調べるため実験を行った。あとの問いに答えなさい。ただし，摩擦，空気の抵抗，ひもの重さや伸び縮みは考えないものとする。(5点×7 - 35点)

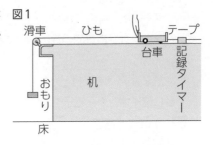

図1

実験 図1のように，水平な机の上に置いた台車とおもりをひもで結び，ひもを滑車にかけてから台車を手で支えて全体を静止させる。次に静かに手をはなすと，台車とおもりは運動を始めた。やがて，おもりは床について静止したが，台車はその後も運動を続けた。図2は，この運動のようすを1秒間に50回点を打つ記録タイマーでテープに記録したものであり，AからGは5打点ごとの記録を表している。

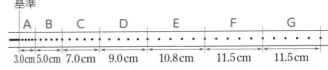

図2

(1) 区間 B での台車の平均の速さは何 cm/s ですか。

(2) 図2の基準の点が打点された時刻を0秒とし，台車の速さと時間の関係を図3に表しなさい。

(3) 0秒と0.3秒での瞬間の速さは，それぞれ何 cm/s ですか。

(4) 区間 A ～ D では1秒間に台車の速さは，何 cm/s 増加していますか。

図3

(5) おもりが床についたのは，①テープの区間 A ～ G のどの区間のときですか。また，②基準の点から何秒後ですか，小数第3位まで求めなさい。

(1)	(2) (図3に記入)	(3) 0秒	0.3秒
(4)	(5) ①	②	

〔栃木-改〕

ヒント

2 動滑車を1個使用すると，加える力は持ち上げる物体の重さの半分になり，ロープを引く長さは2倍になる。

3 (4)グラフにおいて，速さの変化の割合＝傾き に相当する。

(5)(3)，(4)を利用して，1次関数 $v = at + b$ の式をつくり，t を求める。

1・2年の復習
第1章
第2章
第3章
第4章
第5章
総仕上げテスト

7 水溶液とイオン

重要点をつかもう

1 原子のなりたち
原子の中心に**原子核**があり，周囲に－の電気をもつ**電子**がある。また，原子核の内部には＋の電気をもつ**陽子**と電気をもたない**中性子**が存在する。

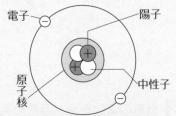
▲ 原子のなりたち(He原子)

2 原子の電気的性質
原子のもつ電子の数と陽子の数は等しいので，原子全体では電荷をもたない**電気的中性**の状態である。

3 イオン
原子が電子を受けとったり放出したりして電気を帯びたものを**イオン**という。電子を受けとったときに**陰イオン**が，電子を放出したときに**陽イオン**が生成する。

4 水溶液と電流
物質を水に溶かしたとき，その水溶液に電流が流れるものを**電解質**，流れないものを**非電解質**という。

5 電気分解とイオン
電解質水溶液に電流を流すと，陽極に**陰イオン**が，陰極に**陽イオン**が引きつけられて物質が生成する。

Step 1 基本問題

解答▶別冊19ページ

1 図解チェック⚡ 次の図の空欄に，適当な語句，記号を入れなさい。

▶陽イオンと陰イオン◀

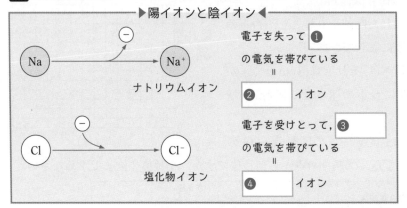

電子を失って ① ___
の電気を帯びている
＝
② ___ イオン

電子を受けとって， ③ ___
の電気を帯びている
＝
④ ___ イオン

▶塩酸の電気分解◀

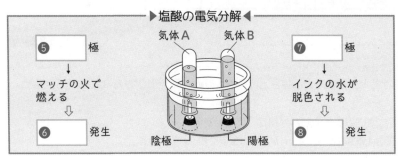

⑤ ___ 極
↓
マッチの火で
燃える
↓
⑥ ___ 発生

⑦ ___ 極
↓
インクの水が
脱色される
↓
⑧ ___ 発生

Guide

注意 **イオンを表す化学式**
原子の記号の右肩に，そのイオンが帯びている電気の種類と電子の数を示して表す。

くわしく ■**電流の流れる**
水溶液
・塩化ナトリウム $NaCl$
・水酸化ナトリウム $NaOH$
・硫酸 H_2SO_4
・硫酸銅 $CuSO_4$

■**電流を流さない水溶液**
・有機物の水溶液
エタノール，砂糖，石油，ブドウ糖など
・蒸留水

くわしく 塩酸 HCl の電気分解
塩化水素の水溶液で H^+ と Cl^- に電離し，決まった電極側に気体が発生する。陰極に H_2，陽極に Cl_2 が発生する。

2 [電解質水溶液と電離] 次の問いに答えなさい。

(1) 塩化ナトリウムのように，水に溶かしたとき，できた水溶液が電流を通す物質を何といいますか。　［　　　　　　　　　］

(2) 塩化ナトリウムが，水に溶けるときに起こる変化を表した次の式において，①と②にあてはまる化学式を書きなさい。

［　①　　　］ ⟶ Na$^+$ ＋ ［　②　　　　　　］　　〔石川〕

3 [電気分解とイオン] 次の問いに答えなさい。

(1) 下のア〜オのそれぞれを水溶液にしたとき，電流を通さないものはどれか。1つ選び，記号で答えなさい。　［　　　　　　　］

　　ア 食塩　　イ 砂糖　　ウ 硝酸銀
　　エ 硫酸　　オ 水酸化ナトリウム

記述式 (2) 陽イオンとはどのような粒子か。「原子」，「電子」の2つの語を用いて簡潔に書きなさい。

［　　　　　　　　　　　　　　　　　　　　　　　　　］

(3) 右の図のように炭素棒を電極として，塩化銅水溶液 $CuCl_2$ を電気分解した。このとき，一方の電極はイオンに電子2個をあたえ，他方の電極はイオンから電子2個を受けとったとすると，それぞれの電極に何という原子が何個できますか。

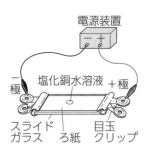

発泡ポリスチレンの板
電源装置
塩化銅水溶液
炭素棒

陽極 ［　　　　，　　　　個］
陰極 ［　　　　，　　　　個］

4 [イオンの移動] 硫酸ナトリウム水溶液でぬらしたろ紙をスライドガラスにのせ，右の図のような実験装置を組み立てた。ろ紙の中央に青色の塩化銅水溶液を1滴つけたあと，電圧を加えると青色の部分が移動した。この実験について，次の問いに答えなさい。

電源装置
－極　塩化銅水溶液　＋極
スライドガラス　ろ紙　目玉クリップ

(1) 塩化銅水溶液の青色は，何イオンのもつ色ですか。

［　　　　　　　　イオン］

(2) 青色の部分は＋極，－極のどちらに移動しますか。

［　　　　　　極］

〔山口 改〕

電解質と非電解質
どちらも水に溶けて水溶液は透明（有色の場合もある）になっている。電解質水溶液には，イオンが含まれている。

イオンの価数
イオンになるときに出入りした電子の数を示す。
Mg^{2+}…2価の陽イオン
Cl^-…1価の陰イオン

電解質の例
塩化ナトリウム（食塩），塩化銅，水酸化ナトリウム，硫酸，硝酸，水酸化バリウムなど。

金属の扱い
金属はそのままの状態で電流を通すが，水などに溶けないので電解質ではない。

塩素の発生
陽極へは塩化物イオンが引かれて，塩素の気体を発生させる。塩素は黄緑色の有毒な気体で殺菌・脱色作用があり，水に溶けやすい。

硫酸ナトリウムのはたらき
ろ紙を硫酸ナトリウム水溶液でぬらすのは，銅イオンや塩化物イオンを両極に移動しやすくするためである。

原子が2個以上集まってできるイオン
水酸化物イオン OH^-
硫酸イオン SO_4^{2-}
硝酸イオン NO_3^-
アンモニウムイオン NH_4^+
炭酸イオン CO_3^{2-}
これらは，いくつかの原子が集まって，全体（原子団）として陰イオンや陽イオンをつくっている。

1・2年の復習
第1章
第2章
第3章
第4章
第5章
総仕上げテスト

Step ② 標準問題

時間	合格点	得点
30分	70点	点

解答▶別冊20ページ

1 [原子の構造とイオン] 次の文を読み，あとの問いに答えなさい。

　原子の中心には＋（プラス）の電気をもつ ① があり，そのまわりを−（マイナス）の電気をもつ ② が運動している。 ① は一般に，＋の電気をもつ ③ と，電気をもたない ④ からできている。原子では， ② の数と ③ の数が等しいので，原子全体は電気を帯びていない。しかし原子が ② を失ったりもらったりすると，全体で電気を帯びるようになる。これが ⑤ である。

　固体の塩化ナトリウムは電気を通さないが，塩化ナトリウムの水溶液は電気を通す。塩化ナトリウムのようにその水溶液が電気を通す物質を ⑥ という。

(1) ①〜⑥にあてはまる語句を⑤以外は漢字で答えなさい。

記述 (2) 塩化ナトリウムの固体は電気を通さないが，水溶液では電気を通すのはなぜか。イオンということばを使って説明しなさい。

〔筑波大附高−改〕

1 ((1)4点×6，(2)5点−29点)

(1)	①
	②
	③
	④
	⑤
	⑥
(2)	

2 [塩化銅水溶液の電気分解] 右の図のように塩化銅水溶液をビーカーに入れて電流を流し，電極に起こる変化を調べた。次の問いに答えなさい。

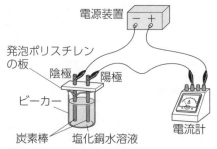

電源装置
発泡ポリスチレンの板
陰極　陽極
ビーカー
炭素棒　塩化銅水溶液
電流計

(1) 塩化銅水溶液は何色か。次のア〜エから１つ選びなさい。
　ア 青色　　イ 緑色　　ウ 黄色　　エ 赤紫色

重要 (2) 電流を流し続けると，−極の表面に赤褐色の物質が付着した。この物質は何か，化学式で答えなさい。

(3) 陽極の表面からは気体が発生した。気体名を答えなさい。
　　次に，陰極の表面に赤褐色の物体が全体にうすく付着したとき，電極の陽極と陰極を逆さにつないだ。

記述 (4) 陰極の表面ではどのような変化が見られますか。

(5) 陽極の表面で起こっている現象について述べた，次の文の（　）に，物質名を書きなさい。
　　「陽極の表面に付着した赤褐色の物質は発生する気体との化学変化で（　）に変わり，水にイオンとして溶け出す。」

ワンポイント

水に溶けると，電流が流れる物質を電解質といい，水に溶けても，電流が流れない物質を非電解質という。

2 (6点×5−30点)

(1)	
(2)	
(3)	
(4)	
(5)	

ワンポイント

$CuCl_2 \longrightarrow Cu^{2+} + 2\,Cl^-$

3 ［電気分解とイオン］右の図のよ
うに，電気分解装置にうすい塩酸を
入れて電流を流し，電極付近の変化
を観察した。すると，両方の電極か
ら気体が発生しているのが観察され
た。これについて，次の問いに答え
なさい。

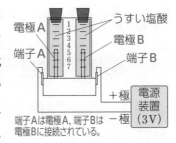

端子Aは電極A, 端子Bは
電極Bに接続されている。

(1) 電極Ａと電極Ｂから発生した気体は何か。それぞれ名称と化学
式で答えなさい。

(2) 電極Ａで起きている化学反応として，最も適切なものを次の**ア**
～エから選び，記号で答えなさい。

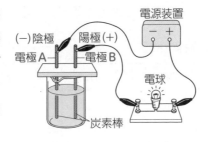

⊛は原子を，⊖は電子を表す。

○ ⊛⁺はそれぞれ陰イオン，陽イオンを表す。

〔広島大附高〕

4 ［電気分解と生成物］右の図
のような回路をつくり，炭素棒
を電極として，水溶液に電流が
流れるかどうかを調べる実験を
行った。これについて，次の問
いに答えなさい。

電源装置
(－)陰極　陽極(＋)
電極Ａ　電極Ｂ
電球
炭素棒

(1) 実験の結果，豆電球のつかない水溶液が２つあった。それらを
次の**ア～カ**から選び，記号で答えなさい。

　ア 食塩水　　**イ** 硫酸銅水溶液

　ウ エタノールの水溶液　　**エ** 砂糖水

　オ 塩酸　　**カ** 水酸化ナトリウム水溶液

(2) 塩化銅水溶液に電流を流すと豆電球がついた。このとき，電極
Ｂで生じたのと同じ物質が生じるのは次のうちどれか。(1)の選
択肢**ア～カ**からすべて選び，記号で答えなさい。

記述式 (3) 塩化銅水溶液に電流を流す実験をするとき，環境保全のために
注意すべきことを書きなさい。

記述式 (4) 塩化銅水溶液に長時間電流を流していると，水溶液の色に変化
が見られた。どのように変化したか。塩化銅水溶液の色を用い
て，10字程度で簡潔に答えなさい。

〔富　山〕

3 ((1)4点×4，(2)5点－21点)

電極A	名称	
	化学式	
電極B	名称	
	化学式	
(2)		

ワンポイント

(1) 塩酸を電気分解したと
きの反応式は，

$2HCl \longrightarrow H_2 + Cl_2$

4 (5点×4－20点)

(1)
(2)
(3)
(4)

ワンポイント

(2) 食塩水の溶質は塩化ナ
トリウムが主成分であ
る。また，塩酸の溶質
は塩化水素である。

1・2年の復習
第1章
第2章
第3章
第4章
第5章
総仕上げテスト

8. 酸・アルカリとイオン

重要点をつかもう

1 酸

水に溶かすと**水素イオン(H^+)**を生じる物質。酸性の水溶液は，青色リトマス紙を赤色に変えたり，BTB液を黄色に変える。

2 アルカリ

水に溶かすと**水酸化物イオン(OH^-)**を生じる物質。アルカリ性の水溶液は，赤色リトマス紙を青色に変えたり，BTB液を青色に変える。

3 pH

酸性やアルカリ性の度合いを示す数値。0～14までの値で表され，7が**中性**，7より小さい値が**酸性**，7より大きい値が**アルカリ性**である。

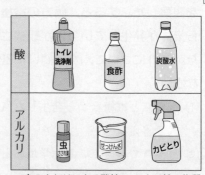

▲ 身のまわりにある酸性・アルカリ性の物質

Step 1 基本問題

解答▶別冊20ページ

1 図解チェック⚡ 次の表や図中の空欄に適当な語句，数字を入れなさい。

▶水溶液の性質◀

	リトマス紙	BTB液	pH	液の性質
砂糖水	変化なし	緑	❶	❷
塩酸	❸	❹	7より小	❺
アンモニア水	赤→青	❻	❼	アルカリ性
食塩水	❽	❾	7	中性
石灰水	❿	⓫	7より大	⓬

▶ろ紙上での電流にともなうリトマス紙の色変化◀

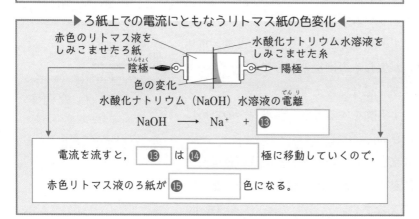

赤色のリトマス液を
しみこませたろ紙

水酸化ナトリウム水溶液を
しみこませた糸

陰極　　　　陽極

色の変化

水酸化ナトリウム（NaOH）水溶液の電離

$$NaOH \longrightarrow Na^+ + \boxed{⓭}$$

電流を流すと，⓭ は ⓮ 極に移動していくので，

赤色リトマス液のろ紙が ⓯ 色になる。

Guide

フェノールフタレイン液

アルカリ性でのみ無色→赤色に変化し，酸性や中性には無色で変化しない試薬。

酸性とアルカリ性

①酸性を示すのは，水溶液中の水素イオン H^+ による。

②アルカリ性を示すのは，水溶液中の水酸化物イオン OH^- による。

リトマス紙

酸性で，青色のリトマス紙は赤色に変わり，アルカリ性で，赤色のリトマス紙は青色に変わる。中性では，青色・赤色のどちらのリトマス紙も変化しない。

2 [酸・アルカリとイオン] 文中の [　] に適当な語句を入れなさい。

(1) 塩酸のように，[① 　　　] 色のリトマス紙につけると [② 　　　] 色に変えるような性質を [③ 　　　] という。このような性質を示す水溶液には必ず [④ 　　　] イオンが含まれる。

(2) 水酸化ナトリウムは水に溶かすと電離して [⑤ 　　　] イオンと [⑥ 　　　] イオンを生じる。この水溶液を [⑦ 　　　] 色のリトマス紙につけると [⑧ 　　] 色に変え，緑色の BTB 液を [⑨ 　　] 色に変える。このような性質を [⑩ 　　　] という。このような性質は [⑪ 　　　] イオンの存在によって生じるものである。

3 [酸・アルカリの性質] 次の水溶液のうち，酸性のものには○印を，アルカリ性のものには×印を，[　] の中に記入しなさい。

(1) 青色リトマス紙が赤色に変わった。　　　　　　　[　　　]
(2) BTB 液が青色に変わった。　　　　　　　　　　[　　　]
(3) 赤色リトマス紙が青色に変わった。　　　　　　　[　　　]
(4) マグネシウムの粒を入れたら，水素を発生しながら溶けた。

　　　　　　　　　　　　　　　　　　　　　　　　[　　　]
(5) BTB 液が黄色に変わった。　　　　　　　　　　[　　　]
(6) フェノールフタレイン液が赤色に変わった。　　　[　　　]

4 [水溶液の性質] 次の水溶液のうち，酸性のものには○印を，アルカリ性のものには△印を，中性のものには×印を，[　] 内にそれぞれ書き入れなさい。

(1) 塩酸　　　[　　　]　　(2) 食塩水　　[　　　]
(3) アンモニア水 [　　　]　(4) 炭酸水　　[　　　]
(5) 酢酸　　　[　　　]　　(6) 石灰水　　[　　　]

5 [酸・アルカリと pH] 次の(1)〜(5)の水溶液を pH 計で測定したら，それぞれ《 》内に示した数値になった。それぞれの水溶液の性質は酸性，中性，アルカリ性のうちのどれですか。

(1) セッケン水《10》　　　　　　　　　　　　　　[　　　]
(2) 牛乳《6》　　　　　　　　　　　　　　　　　[　　　]
(3) 涙《8》　　　　　　　　　　　　　　　　　　[　　　]
(4) 水道水《7》　　　　　　　　　　　　　　　　[　　　]
(5) しょうゆ《4》　　　　　　　　　　　　　　　[　　　]

1・2年の復習
第1章
第2章
第3章
第4章
第5章
総仕上げテスト

ことば　塩酸と水酸化ナトリウム水溶液

塩酸は，無色の気体である塩化水素が溶けた水溶液である。水酸化ナトリウム水溶液は，白色の固体である水酸化ナトリウムが溶けた水溶液である。

注意　酸性を示す物質とアルカリ性を示す物質

酸性を示す水溶液には塩酸，硫酸，酢酸などがある。
水に溶けてアルカリ性を示す物質には，水酸化ナトリウム，水酸化カルシウム（消石灰）などがある。

ことば　pH

pH は，水素イオンの濃度のことで，数値が小さいほど，水素イオンが多く含まれる。pH は，数値が小さいほど酸性が強い。

性質	pH	水素イオンの濃度
酸性	0	10^7
	1	10^6
	2	10^5
	3	10^4
	4	10^3
	5	10^2
	6	10
中性	7	1
アルカリ性	8	10^{-1}
	9	10^{-2}
	10	10^{-3}
	11	10^{-4}
	12	10^{-5}
	13	10^{-6}
	14	10^{-7}

$(10^{-1}=0.1,\ 10^{-2}=0.01,\cdots)$

ひと休み　セッケン

セッケンは，油脂を水酸化ナトリウムと反応させてつくったものである。
油に水酸化ナトリウムを混合すると，水と油は混ざりあって白く濁る。

重要 1 [水溶液と金属] うすい塩酸とうすい水酸化ナトリウム水溶液の入った試験管に，鉄・銅・アルミニウムの小片を入れて，そのときの変化を調べた。あとの問いに答えなさい。

1 (4点×5−20点)

(1)

(2)

(3) ①

②

③

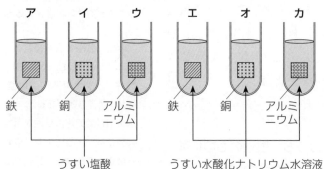

ア　イ　ウ　エ　オ　カ

鉄　銅　アルミニウム　鉄　銅　アルミニウム

うすい塩酸　うすい水酸化ナトリウム水溶液

(1) 上の実験で，気体が発生する試験管をすべて選びなさい。

(2) 気体が発生している試験管の口を指でしばらくおさえてから，試験管の口に，マッチの火を近づけるとどのようになるか。次のA〜Cから選び，記号で答えなさい。

A　気体に火がつく。

B　マッチが激しく燃える。

C　マッチの火が消える。

(3) 反応が終了してから，試験管の液を蒸発させた。次のような結果になる試験管を上のア〜カからすべて選びなさい。

①もとの金属だけが残る。

②もとの金属と溶けていた固体が残る。

③もとの金属や溶けていたものとは違う別のものが残る。

ワンポイント

(1)鉄は，塩酸に溶けるが，水酸化ナトリウムには溶けない。
アルミニウムは，塩酸と水酸化ナトリウム水溶液のいずれにも溶ける。

2 (6点×6−36点)

(1)

(2)

(3)

(4)

(5)

(6)

重要 2 [酸性とアルカリ性の判別] うすい塩酸か，うすい水酸化ナトリウム水溶液のどちらかが入ったビーカーがある。このビーカーの中に，どちらが入っているかを判別する方法として，適当なものに○印を，適当でないものに×印をつけなさい。

(1) その水溶液が電流を通すか通さないかを調べる。

(2) その水溶液に硝酸銀水溶液を2〜3滴たらす。

(3) その水溶液にBTB液を2〜3滴たらす。

(4) 蒸発皿に水溶液をとり，ガスバーナーで加熱してみる。

(5) 試験管にそれぞれの水溶液をとり，アルミニウムを加えてみる。

(6) pHメーターを用いてpHの値を測定する。

ワンポイント

酸性とアルカリ性の水溶液は，いずれも電流を通す。

3 [酸・アルカリとイオン]
右の図のような装置で，う
すい塩酸やリトマス紙を用
いて実験を行った。電圧を
かけると，ア〜エの1つに
色が変化して広がっていく
のが観察された。これにつ
いて，次の問いに答えなさい。

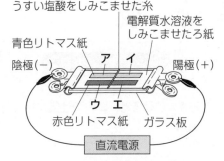

うすい塩酸をしみこませた糸
電解質水溶液を
しみこませたろ紙
青色リトマス紙
陰極（−）　ア　イ　陽極（＋）
ウ　エ
赤色リトマス紙　　ガラス板
直流電源

記述式 (1) ろ紙に電解質水溶液をしみこませたのはなぜか。理由を簡潔に
書きなさい。

(2) ア〜エのうち，色の変化が広がっていくのはどれか。1つ選び，
記号で答えなさい。

(3) 色の変化の原因となったイオンを表す化学式を答えなさい。

〔静岡−改〕

4 [酸・アルカリの性質] 4種類の電解質水溶液を使って，緑色
のBTB液を少量加えたときの色の変化，およびリトマス紙に少量
の水溶液をつけたときの色の変化を調べた。同じ結果になったも
のをまとめたところ，次の表のようにA，Bの2つに分類できた。
これについて，あとの問いに答えなさい。

水溶液	BTB液　および リトマス紙の色の変化
A	・うすい塩酸 ・うすい硫酸	・BTB液を加えると（　a　）色になった。 ・青色リトマス紙が赤色になった。
B	・うすい水酸化ナトリウ ム水溶液 ・うすい水酸化バリウム 水溶液	・BTB液を加えると（　b　）色になった。 ・赤色リトマス紙が青色になった。

(1) 表中のa，bにあてはまる語句を答えなさい。

(2) Aグループの水溶液に共通して含まれるイオンは何か。イオン
を表す化学式と名称を答えなさい。

(3) Bグループの水溶液に共通して含まれるイオンは何か。イオン
を表す化学式と名称を答えなさい。

記述式 (4) この実験について，BTB液やリトマス紙を用いるほかに，A
グループが酸の水溶液であることを確かめる方法とその結果を
答えなさい。

〔岡山−改〕

---

3 (4点×3−12点)

(1)	
(2)	
(3)	

ワンポイント
塩酸から電離して生じた水
素イオンは陰極へ移動する。

4 (4点×8−32点)

(1)	a
	b
(2)	化学式
	名称
(3)	化学式
	名称
(4)	方法
	結果

ワンポイント
青色リトマス紙が赤色にな
れば酸性，赤色リトマス紙
が青色になればアルカリ性
である。

1・2年の復習
第1章
第2章
第3章
第4章
第5章
総仕上げテスト

9 中和と塩

重要点をつかもう

1 中和

酸の水溶液とアルカリの水溶液を混ぜると，両方の性質が打ち消され，水(H_2O)が生じる反応。

$$H^+ + OH^- \longrightarrow H_2O$$

2 塩

中和のときに水とともに酸の陰(いん)イオンとアルカリの陽イオンが結びついて生じる物質のこと。

酸(H^+) ＋ アルカリ(OH^-) ⟶ 水(H_2O) ＋ 塩(えん)

塩酸 ＋ 水酸化ナトリウム ⟶ 水 ＋ 塩化ナトリウム
硫酸(りゅうさん) ＋ 水酸化バリウム ⟶ 水 ＋ 硫酸バリウム(沈殿(ちんでん))

Step 1 基本問題

解答▶別冊22ページ

1 図解チェック⚡ 次の図の空欄に，適当な化学式を入れなさい。

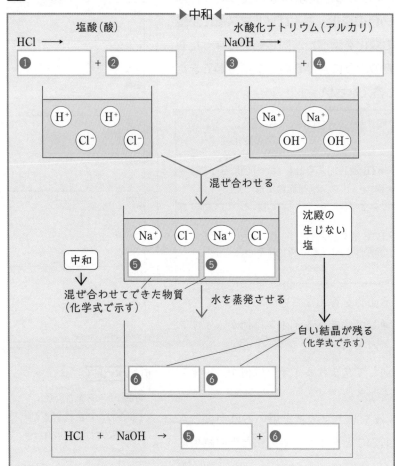

▶中和◀

塩酸(酸)
$HCl \longrightarrow$
❶ ＋ ❷

水酸化ナトリウム(アルカリ)
$NaOH \longrightarrow$
❸ ＋ ❹

H^+ H^+ Cl^- Cl^-

Na^+ Na^+ OH^- OH^-

混ぜ合わせる

Na^+ Cl^- Na^+ Cl^-
❺ ❺

沈殿の生じない塩

中和
↓
混ぜ合わせてできた物質
(化学式で示す)

水を蒸発させる

白い結晶が残る
(化学式で示す)

❻ ❻

$HCl + NaOH \rightarrow$ ❺ ＋ ❻

Guide

ことば **中和**
酸とアルカリとが反応し，それぞれの性質を失い，水ができる反応を中和という。

くわしく **中和のモデル**
塩酸の中にはH^+とCl^-があり，水酸化ナトリウム水溶液を加えていくと
$$H^+ + OH^- \longrightarrow H_2O$$
の反応が進行する。
一方，初めにあったCl^-の水溶液中の数は変化しない。完全に中和すると，H^+もOH^-もなくなる。また，Cl^-とNa^+は同数になる。それ以後はOH^-とNa^+が増加していく。

注意 **沈殿の生じる塩と沈殿の生じない塩**
①沈殿の生じない塩
$$HCl + NaOH \longrightarrow$$
$$NaCl + H_2O$$
②沈殿の生じる塩
$$H_2SO_4 + Ba(OH)_2 \longrightarrow$$
$$BaSO_4(沈殿) + 2H_2O$$

2 [塩酸と金属] うすい塩酸にマグネシウムリボンの小片を入れたときのようすについて，次の問いに答えなさい。

(1) マグネシウムリボンの表面からの泡は何か，気体名を書きなさい。 [　　　　　]

(2) この試験管に，うすい水酸化ナトリウム水溶液を少しずつ入れると，泡のでかたはどうなるか。次の**ア**～**ウ**から選びなさい。

　ア 少しずつ弱くなり，しまいに出なくなる。

　イ しばらくは変化がないが，一定量を過ぎると出なくなる。 [　　　　　]

　ウ 少しずつ弱くなり，いったん出なくなるが，また出てくる。

(3) (2)のようになったのは，水酸化ナトリウム水溶液によって，塩酸の性質がどうなったためか。次の**ア**～**ウ**から選びなさい。

　ア 強くなったため。　　**イ** 弱くなったため。 [　　　　　]

　ウ 変化しなかったため。

重要 **3** [塩酸と水酸化ナトリウム水溶液の反応]

少量のBTB液を加えたうすい塩酸がある。これに右の図のようにうすい水酸化ナトリウム水溶液を少しずつ加えていった。次の問いに答えなさい。

(1) 水酸化ナトリウム水溶液を加える前の色は何色ですか。 [　　　　　]

(2) 水溶液の色が緑色になった。このときの水溶液は酸性，アルカリ性，中性のどれですか。 [　　　　　]

(3) 塩酸と水酸化ナトリウム水溶液を混ぜたときに起こる反応を何といいますか。 [　　　　　]

(4) (2)の混合液をスライドガラスにとり，水を蒸発させたときに出てくる白い物質は何か。名称と化学式を答えなさい。

　　名称[　　　　　]　化学式[　　　　　]

(5) この実験で，混合液中の水素イオンの数と，加えた水酸化ナトリウム水溶液の量との関係を表しているグラフは，右の**A**～**C**のどれか。記号で答えなさい。 [　　　　　]

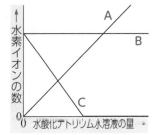

 くわしく イオンの反応式

①Ag^+とCl^-との反応

　$Ag^+ + Cl^- \longrightarrow AgCl$

②Ba^{2+}とSO_4^{2-}との反応

　$Ba^{2+} + SO_4^{2-} \longrightarrow BaSO_4$

③Ca^{2+}とCO_3^{2-}との反応

　$Ca^{2+} + CO_3^{2-} \longrightarrow CaCO_3$

④Ba^{2+}とCO_3^{2-}との反応

　$Ba^{2+} + CO_3^{2-} \longrightarrow BaCO_3$

注意 中和と塩

　酸・アルカリの反応で互いの性質を打ち消し合うことを中和という。中和してできた水以外のものが塩である。

くわしく 指示薬

　水溶液の性質を知るために用いる試薬(指示薬)には次のようなものがある。

・リトマス紙(赤～青)

・フェノールフタレイン液(無～赤)

・BTB液(黄～緑～青)

くわしく 水溶液を流れる電流

　沈殿ができる反応では，初めに含まれるイオンに，沈殿を生じるイオンを加えると，次のようなグラフになることが多い。

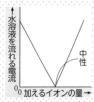

ひと休み 水の電離

　水 H_2O は，わずかであるがH^+とOH^-とに電離している。

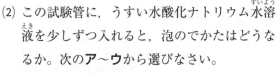

【　月　日】

Step 2 標準問題

時間 30分　合格点 70点　得点 点

解答▶別冊22ページ

1 ［中　和］BTB液を加えた一定量のうすい硫酸(りゅうさん)の中へ，水酸化ナトリウム水溶液(すいようえき)を少しずつ加えていくとき，液の色はどのように変化するか。正しいものを次のア～エの中から選び，記号で答えなさい。

ア 青→緑→黄　　イ 赤→黄→青

ウ 黄→緑→青　　エ 黄→青→緑　〔関西大倉高〕

2 ［酸・アルカリの性質と中和］A～Eの5つのビーカーには，あとに示した5種類の液体のいずれかが入っている。それぞれのビーカーに，どの液体が入っているかを調べるために，実験1～3を行った。

実験の結果から，BとEのビーカーに入っている液体を，下のア～オの中からそれぞれ1つずつ選んで，記号で答えなさい。

実験1　それぞれの液体を試験管にとり，緑色のBTB液を数滴(すうてき)加えて色を観察したところ，AとBが青色，Cが黄色，DとEが緑色であった。

実験2　AとBの液体を試験管にとって，こまごめピペットでうすい硫酸を数滴加えたところ，Aの液体だけ白い物質ができた。

実験3　DとEの液体をそれぞれスライドガラスに少量とって乾燥(かんそう)させたところ，Dの液体だけ白い結晶(けっしょう)が現れた。

ア 蒸留水　　イ 塩化ナトリウム水溶液

ウ うすい塩酸　　エ うすい水酸化ナトリウム水溶液

オ うすい水酸化バリウム水溶液　〔茨　城〕

3 ［中　和］うすい塩酸A液と水酸化ナトリウム水溶液B液が別々のビーカーに入っている。5本の試験管a～eにA液を5 cm³ずつとり，それぞれにB液を加え，得られた水溶液の性質を調べた。

試験管	a	b	c	d	e
B液の量〔cm³〕	2	3	4	5	6
BTB液を加えたときの色	黄	黄	緑	青	青

上の表は加えたB液の量と，B液を加えて得られた水溶液にBTB液を加えたときの色を示したものである。次の問いに答えなさい。

1（7点）

ワンポイント
酸性→中性→アルカリ性への変化である。

2（8点×2－16点）

B	
E	

ワンポイント
Aの水溶液はアルカリ性で，うすい硫酸と反応して白い沈殿(ちんでん)を生じている。
Cは酸性の水溶液。
Dは中性の水溶液で，白い結晶の物質が溶けている。

3（7点×5－35点）

(1)	
(1)	
(2)	
(3)	
(4)	

(1) Ａ液にＢ液を加えると，2つの物質ができる。その2つの物質を化学式で答えなさい。

(2) 表のようにＡ液にＢ液を加えたとき，水素イオンが最も多く残るものを，a〜eの記号で答えなさい。

(3) 同じ体積のＡ液とＢ液を比べたとき，Ａ液中の水素イオンの数は，Ｂ液中の水酸化物イオンの数の何倍ですか。

(4) 試験管a〜eで，水溶液中に電流を流したとき，流れる電流が最も小さいものはどれですか。

ワンポイント
(1) Ａ液とＢ液の反応は，塩酸＋水酸化ナトリウム ⟶ 水＋塩化ナトリウムとなる。
(4) 水溶液中に電流を流したとき，イオンの数が多いほど，電流はよく流れる。

重要 **4** [中和と塩] ビーカーＡ〜Ｄのそれぞれに，うすい硫酸（りゅうさん）を 8 cm³ とり，BTB 液を少量加えた。次に，ビーカーＡ〜Ｄのそれぞれに，うすい水酸化バリウム水溶液を 10 cm³，14 cm³，18 cm³，22 cm³ 加えてかき混ぜると，すべてのビーカーに白い沈殿（ちんでん）ができた。また，混ぜたあとのそれぞれのビーカーの色と，沈殿の乾燥（かんそう）後の質量を表に記入した。次の問いに答えなさい。

ビーカー	A	B	C	D
加えたうすい水酸化バリウム水溶液の体積〔cm³〕	10	14	18	22
白い沈殿ができたあとの水溶液の色	黄色	a	b	c
できた白い沈殿の質量〔g〕	0.13	0.18	0.22	0.22

重要 (1) ビーカーにできた白い沈殿の物質名を答えなさい。

(2) 沈殿とともにできた物質の化学式を答えなさい。

(3) 表の中のaとcにあてはまる語句を答えなさい。

(4) 混ぜたあとのビーカーＤの水溶液をろ過した液を 10 cm³ とり，水を 50 cm³ 加えると何性になるか。適切なものを次のア〜ウから1つ選び，記号で答えなさい。
　ア 酸性　　イ 中性　　ウ アルカリ性

(5) 混ぜたあとのビーカーの水溶液をろ過した液から試験管に 10 cm³ とり，マグネシウムリボンを入れて気体が発生するか調べた。
　このとき，気体が発生したのはどのビーカーの液か。Ａ〜Ｄの記号ですべて答えなさい。

(6) この実験で加えたうすい水酸化バリウム水溶液の体積を，次のア〜エのように変えて実験すると，できた沈殿の質量が表のビーカーＣにできた沈殿の質量と同じになるのはどれか。適切なものを次のア〜エからすべて選び，記号で答えなさい。
　ア 9 cm³　　イ 13 cm³
　ウ 19 cm³　　エ 23 cm³
　　　　　　　　　　　　　　　　　　　〔長野〕

4 (6点×7−42点)

(1)	
(2)	
(3)	a
	c
(4)	
(5)	
(6)	

ワンポイント
(1) 硫酸＋水酸化バリウム ⟶ 水＋（白い沈殿）
(6) ＣとＤでは，白い沈殿の量が増えないことから，中和が終わっている。

1・2年の復習
第1章
第2章
第3章
第4章
第5章
総仕上げテスト

10 化学変化と電池のしくみ

重要点をつかもう

1 金属のイオン化
金属がイオンになるときは，電子を放出して**陽イオン**になる。

2 電池
電解質水溶液に，**2種類**の金属をひたして導線でつなぐと，金属間に電圧が生じて電池になる。

3 電池の＋(正)極と−(負)極
イオンになりやすいほうの金属がイオンになって電子を放出し，電池の−極となる。

4 エネルギーの変換
電池では，金属などのもつ化学エネルギーを電気エネルギーの形に変えてとり出すことができる。

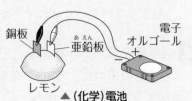

▲(化学)電池

Step 1 基本問題

解答▶別冊23ページ

1 図解チェック⚡ 次の図の空欄に，適当な語句，記号を入れなさい。

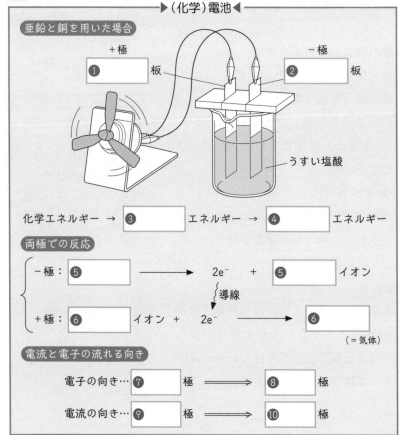

▶(化学)電池◀

亜鉛と銅を用いた場合

＋極 ❶ 　　 板　　　　　　　−極 ❷ 　　 板

うすい塩酸

化学エネルギー → ❸ 　 エネルギー → ❹ 　 エネルギー

両極での反応

−極：❺ 　 ⟶ 2e⁻ ＋ ❺ 　 イオン

導線

＋極：❻ 　 イオン ＋ 2e⁻ ⟶ ❻ 　 (＝気体)

電流と電子の流れる向き

電子の向き…❼ 　 極 ⟹ ❽ 　 極

電流の向き…❾ 　 極 ⟹ ❿ 　 極

Guide

くわしく **金属のイオン化傾向**
金属はそれぞれイオンになりやすさに違いがある。これをイオン化傾向といい，主な金属をイオンになりやすい順に並べると次のようになる。
$K > Ca > Na > Mg > Al > Zn > Fe > Ni > (H) > Cu > Hg > Ag > Au$
このように順に並べたものをイオン化列という。
水素は金属ではないが，金属のように電子を出して＋イオンとなりやすいので，イオン化列の中に加えている。

注意 **電子と電流の向き**
−極で生じた電子が導線を通って＋極へ移動していく。これは電流とは反対向きの流れである。

2 ［電 池］右の図のような装置で電気がとり出せるかどうか実験した。電気がとり出せる組み合わせは次のどれですか。　［　　　］

金属板A
金属板B
水溶液C

ア A：亜鉛板　　B：銅板
　　 C：砂糖水
イ A：亜鉛板　　B：亜鉛板　　C：砂糖水
ウ A：亜鉛板　　B：銅板　　C：塩酸
エ A：銅板　　　B：銅板　　C：塩酸

3 ［電 池］右の図のように，ビーカーの中に，うすい塩酸と銅板と亜鉛板を入れ，プロペラつきモーターをつなぐと，プロペラが回った。このことについて，次の問いに答えなさい。

銅板
亜鉛板
うすい塩酸
プロペラつきモーター

(1) このような装置により電気エネルギーをとり出すことができる。このようなしくみを何といいますか。　［　　　　　　　］

(2) プロペラが回っているとき，銅板と亜鉛板はそれぞれどのようになるか。次の**ア**〜**エ**から1つ選びなさい。　［　　　　　　　］
　　ア 銅板は溶けず，亜鉛板は溶ける。
　　イ 銅板は溶けず，亜鉛板も溶けない。
　　ウ 銅板は溶け，亜鉛板も溶ける。
　　エ 銅板は溶け，亜鉛板は溶けない。　　　　　〔高 知〕

(3) この実験で，うすい塩酸のかわりに使ったときに，モーターが回るのは，次の**ア**〜**エ**のうちのどれですか。　［　　　　　　　］
　　ア 水　　　　**イ** 砂糖水
　　ウ 食塩水　　**エ** エタノール水溶液

(4) この実験について説明した次の文の［　］に適語を入れなさい。
　　亜鉛板と銅板をうすい塩酸の中に入れると，電子が［①　　　　　　］板からモーターを通って［②　　　　　　］板へと移動する。銅板から発生する気体は［③　　　　　　］である。

(5) 次の［　］内に化学式を入れて，塩酸の電離を表す式を完成させなさい。
　　HCl　⟶　［　　　　　　］＋［　　　　　　］　　〔長 崎〕

1・2年の復習
第1章
第2章
第3章
第4章
第5章
総仕上げテスト

くわしく　ボルタ電池
イタリアのボルタが発明した電池で，うすい硫酸，亜鉛，銅を使ってつくった化学電池である。

注意　電池の電極と溶液
電極は，異なった金属を使う。水溶液は，電解質を使う。

くわしく　ボルタ電池と電極
イオン化傾向が大きい電極が−（負）極となる。亜鉛 Zn のほうが銅 Cu よりイオンになりやすく，電子2個を電極に残して2価の Zn^{2+} となって水溶液中に溶け出る。

くわしく　イオン化傾向と起電力
イオン化傾向の差が大きいほど，電池の電圧は大きくなる（金属間の起電力が大きくなる）。

注意　塩酸の電離
塩酸は溶質である塩化水素 HCl を化学式に用いる。塩酸は物質名ではない。

重要 **1** [電池とイオンの生成] さくらさんは，電池について興味を持ち，次の実験を行った。これについて，あとの問いに答えなさい。

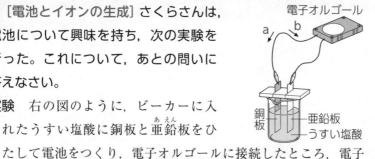

電子オルゴール

銅板　亜鉛板　うすい塩酸

実験　右の図のように，ビーカーに入れたうすい塩酸に銅板と亜鉛板（あえん）をひたして電池をつくり，電子オルゴールに接続したところ，電子オルゴールが鳴り，銅板の表面から気体が発生した。

(1) 銅と亜鉛のどちらがイオンになりやすい金属ですか。

(2) 次の文中の[　]から，適切なものを選び，記号を書きなさい。
図において，電子の流れる向きは①[**ア** aの向き　**イ** bの向き]であり，電池の＋極は②[**ウ** 銅板　**エ** 亜鉛板]である。

(3) 銅板表面における反応がA式のように表されるとすると，亜鉛板表面における反応はどのような式で表されるか。化学式を用いて書きなさい。

$$2H^+ + 2e^- \longrightarrow H_2 \quad \cdots\cdots \quad A$$

〔大阪－改〕

1 (7点×4－28点)

(1)	
(2)	①
	②
(3)	

2 [電池とエネルギー] 電池のしくみを調べるために次の実験を行った。これについて，あとの問いに答えなさい。

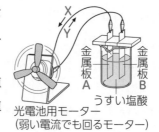

X Y　金属板A　金属板B　うすい塩酸　光電池用モーター（弱い電流でも回るモーター）

実験　亜鉛，銅，マグネシウムの3種類の金属板を1枚ずつ用意した。3種類の金属板から異なる2枚を選んで，右の図のように金属板A，Bとして光電池用モーターにつなぎ，うすい塩酸中に入れたところ，いずれの組み合わせでもモーターが回った。

(1) 亜鉛と銅を選んだとき，金属板Bで発生した気体を試験管に集め，マッチの火を近づけるとポンと音がして燃えた。このとき発生した気体は何か，化学式で答えなさい。また，金属板Bは亜鉛と銅のどちらですか。

(2) 亜鉛とマグネシウムを選んだとき，金属板Aで気体が発生した。金属板Aは亜鉛とマグネシウムのどちらですか。

2 (6点×8－48点)

(1)	気体
	金属板B
(2)	
(3)	金属板A
	電流の向き
(4)	①
	②
	③

(3) 金属板Aを銅，金属板Bをマグネシウムとしたとき，金属板A
の表面から気体が発生した。金属板Aは電池の＋極，－極のど
ちらですか。また，このとき電流は図のX，Yのどちら向きに
流れますか。

(4) 次の文は，図の装置でモーターが回っているときのエネルギー
の移り変わりを説明したものである。①～③にあてはまる適切
な言葉を，あとのア～オから1つずつ選び，記号で答えなさい。
　　ビーカーの中では，金属板のもつ　①　エネルギーが　②
エネルギーに移り変わり，モーターでは　②　エネルギーが
　③　エネルギーへと移り変わっている。

ア 位置　　イ 運動　　ウ 化学　　エ 電気　　オ 光〔富 山〕

ワンポイント
イオンになりやすいほうの
金属が－極になる。イオン
になりやすさは，マグネシ
ウム＞亜鉛＞銅となる。

重要 **3** [水の電気分解と電池] 水の電気分解に関する次の実験につい
て，あとの問いに答えなさい。

実験　図1のような電気分解装置に，
うすい水酸化ナトリウム水溶液を入
れて電流を流したところ，A極とB
極のそれぞれから気体が発生した。
その後，電流を流すのをやめ，A極
で発生した気体に火のついたマッチを近づけると，ポンという
音がした。

図1
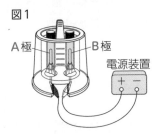
A極　B極
電源装置

(1) B極で発生した気体は何か，化学式で答えなさい。また，この
気体を発生させる別の方法を，次のア～エから1つ選びなさい。
ア 亜鉛にうすい硫酸を加える。
イ 塩化アンモニウムと水酸化カルシウムを混ぜたものを熱する。
ウ 貝殻に塩酸を加える。
エ 二酸化マンガンにオキシドールを加える。

(2) もう一度電気分解を行い，両極から
気体を発生させたあとで，図2の
ように電極に電子オルゴールをつな
ぐと，音がしばらく鳴り続けた。こ
のようなしくみではたらく電池を何
電池といいますか。

図2
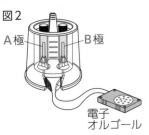
A極　B極
電子
オルゴール

(3) (2)の電池に電子オルゴールをつなぎ，鳴っているとき，電池内
で起こっている化学変化を化学反応式で表しなさい。

〔宮城－改〕

3 (6点×4－24点)

(1)	化学式
	記号
(2)	
(3)	

ワンポイント
A極が陰極，B極が陽極で
ある。
$$2H_2O \longrightarrow 2H_2 + O_2$$

1・2年の復習
第1章
第2章
第3章
第4章
第5章
総仕上げテスト

Step 3 実力問題

時間 30分　合格点 70点　得点 点

解答▶別冊24ページ

1 図のように，亜鉛板（あえん）と銅板をレモンにさし，電子オルゴールをつないだところ，鳴り始めた。次の問いに答えなさい。(9点×2−18点)

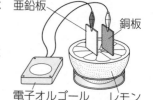

亜鉛板
銅板
電子オルゴール　レモン

(1) 図のレモンのかわりに用いたとき，電子オルゴールが鳴る水溶液（すいようえき）はどれか。次の**ア〜エ**の中から1つ選び，その記号を書きなさい。

　ア デンプン溶液　　**イ** 砂糖水　　**ウ** 蒸留水　　**エ** 食塩水

(2) 図の装置で，電子オルゴールが鳴っているときの亜鉛板と銅板について述べた文はどれか。次の**ア〜カ**の中から最も適切なものを1つ選び，その記号を書きなさい。

　ア 亜鉛板も銅板も溶ける。　　　**イ** 亜鉛板からも銅板からも気体が発生する。

　ウ 亜鉛板からは気体が発生し，銅板は溶ける。

　エ 亜鉛板からは気体が発生し，銅板は溶けない。

　オ 銅板からは気体が発生し，亜鉛板は溶ける。

　カ 銅板からは気体が発生し，亜鉛板は溶けない。

(1)	(2)

〔青　森〕

2 電気分解について調べるために，次の実験1，2を行った。この実験1，2に関して，あとの問いに答えなさい。(5点×8−40点)

実験1 図1のような電気分解装置で，うすい塩酸を電気分解した。

実験2 電極に炭素棒を用いた図2のような装置で，塩化銅の水溶液を電気分解した。

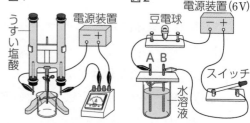

図1
うすい塩酸
電源装置

図2
豆電球
電源装置(6V)
A B
水溶液
スイッチ

(1) 実験1において，うすい塩酸を電気分解したときの化学変化を，化学反応式で表しなさい。

(2) 次の文について，下の①，②の問いに答えなさい。

　　実験1では，　**A**　が，＋極で　**B**　を1個失って原子となり，それが2個集まって分子となり気体が発生する。

　① **A** にあてはまるイオン名を答え，また，陽イオンか陰イオンかを答えなさい。

　② **B** にあてはまる語を答えなさい。

(3) 実験2の説明として正しいものを次の**ア〜カ**の中から2つ選び，その記号を答えなさい。

　ア −極付近の水溶液を少量とり，赤インクをうすめた水の中に入れると色が消える。

　イ −極付近に付着した物質をとり出して，乳棒（にゅうぼう）などでこすると光沢（こうたく）が出る。

　ウ ＋極付近の底には白色の物質が沈殿（ちんでん）する。　　**エ** ビーカーの溶液の色は無色である。

　オ ビーカーの溶液の色は青色である。　　**カ** ビーカーの溶液の色は赤褐色（せきかっしょく）である。

1・2年の復習

第1章

第2章

第3章

第4章

第5章

総仕上げテスト

(4) 実験2において，水溶液中で塩化銅が電離しているようすを，化学式を使って表しなさい。

(5) 実験2で，電気分解が進むにしたがって，豆電球の明るさはどうなるか。次のア～エより，正しいものを1つ選び，記号で答えなさい。

　ア 明るくなる　　イ 暗くなる　　ウ 変わらない　　エ 明・暗をくり返す

(1)			(2)	①A	イオン
②	(3)		(4)		(5)

〔茨城－改〕

3 3つのうすい塩酸(塩酸a，b，cとする)をそれぞれ別々のビーカーにはかりとり，これらの塩酸に BTB 液を 2，3滴加えると(　)色になった。次に，それぞれの塩酸にこまごめピペットを用いて水溶液が緑色になるまで，うすい水酸化ナトリウム水溶液を少しずつ加えた。表は，はかりとった塩酸の体積と，水溶液が緑色になるまで加えた水酸化ナトリウム水溶液の体積を示したものである。ただし，この実験では，同じうすい水酸化ナトリウム水溶液を用いたものとする。これについて，次の問いに答えなさい。(6点×7－42点)

	塩酸の体積〔cm^3〕	水酸化ナトリウム水溶液の体積〔cm^3〕
塩酸a	10	10
塩酸b	20	10
塩酸c	10	20

(1) 文中の下線部分の変化を示す原因となるイオンは何か。イオンの名称とイオンを表す化学式を答えなさい。また，(　)内にあてはまる語句を答えなさい。

(2) $10\,cm^3$ の塩酸aに水酸化ナトリウム水溶液を $5\,cm^3$ 加えたときと，$10\,cm^3$ 加えたときの溶液の性質としてあてはまるものを，それぞれ次のア～エからすべて選び，記号で答えなさい。

　ア フェノールフタレイン液を加えると無色を示す。　　イ 電流を通す。

　ウ フェノールフタレイン液を加えると赤色を示す。　　エ 電流を通さない。

(3) 塩酸a，b，cの濃さの関係を正しく示したものを次のア～オの中から選びなさい。

　ア a＝b＝c　　イ c＞a＝b　　ウ b＞a＝c　　エ c＞a＞b　　オ b＞a＞c

(4) 塩酸c $10\,cm^3$ を2倍にうすめたもの $5\,cm^3$ を中性にするには，うすい水酸化ナトリウム水溶液は何 cm^3 必要ですか。

(1)	イオンの名称		化学式	語句
(2)	$5\,cm^3$	$10\,cm^3$	(3)	(4)

〔国立高専－改〕

ヒント

1 レモン汁は電解質である。亜鉛に酸の水溶液を加えると水素を発生する。

2 塩化銅の電気分解の反応式は，$CuCl_2 \longrightarrow Cu + Cl_2$ である。

3 2倍にうすめるとは，水溶液の濃度を $\frac{1}{2}$ にすることである。

11. 細胞分裂と生物の成長

🎯 重要点をつかもう

1 細胞分裂

1つの細胞が2つに分かれること。生物が成長するのは，細胞分裂によって細胞の数が増えて，それぞれがもとの大きさになるからである。

2 植物の細胞分裂のようす（体細胞分裂）

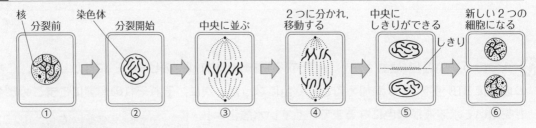

① 分裂前　　② 分裂開始　　③ 中央に並ぶ　　④ 2つに分かれ，移動する　　⑤ 中央にしきりができる　　⑥ 新しい2つの細胞になる

①分裂前の細胞。

②核に細いひも状の染色体が現れる。その後，染色体は縦に割れ目が生じ，2本のひも状になっている。

③染色体が細胞の中央に並ぶ。　　④2倍の数の染色体は，分かれて細胞の両端に移動する。

⑤2つの核の間にしきりの膜がつくられる。（図は植物細胞で，動物細胞ではくびれができる。）

⑥2つに分かれた細胞。染色体が消え，核の形が現れる。

Step 1 基本問題

解答▶別冊25ページ

1 図解チェック⚡ 次の図の空欄に，適当な語句を入れなさい。

▶植物の成長と細胞分裂◀

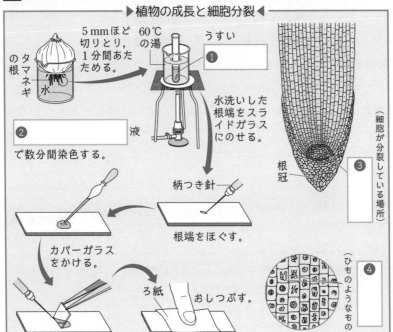

5mmほど切りとり，1分間あたためる。

60℃の湯

タマネギの根

水

うすい

①

② 　液　で数分間染色する。

水洗いした根端をスライドガラスにのせる。

柄つき針

根端をほぐす。

カバーガラスをかける。

ろ紙

おしつぶす。

根冠

（細胞が分裂している場所）③

（ひものようなもの）④

Guide

💬 **染色体**

染色体は，生物の形や色などの特徴である形質を決める遺伝子を含むものである。染色体の本数は生物の種類によって決まっている。例えばヒトの場合は，46本である。染色体は分裂前の核の中にも細い糸状の形で存在している。

🎓 **植物の成長**

植物が成長していくのは，分裂して細胞が増えていくことと，分裂した細胞がもとの大きさまで大きくなっていくからである。

2 [細胞分裂] 発根したタマネギ
の根の細胞について，次の問いに
答えなさい。

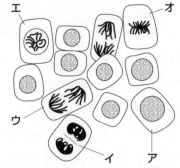

(1) 右の図は，顕微鏡で観察した
根の先端部分の細胞を模式的
に示したものである。**ア～オ**
の細胞を細胞分裂が進む順に
並べるとどのようになるか。**ア**の細胞を最初として，記号で
答えなさい。[**ア**→　　　→　　　→　　　→　　　]

(2) 図中の**エ**の細胞の中に見られるひものようなものを何という
か，答えなさい。　　　　　　　　　　　[　　　　　　　] 〔茨城－改〕

3 [根の成長のようす] 細胞分裂のようすを調べるために，タマ
ネギのある部分を切りとって，次のⅠ～Ⅲの手順でプレパラート
をつくり，顕微鏡で観察した。あとの問いに答えなさい。

Ⅰ タマネギの切りとった部分を，60℃の<u>うすい塩酸に入れて1
分間あたためた。</u>

Ⅱ その後，よく水洗いをして，スライドガラスの上にのせ，柄
つき針で細かくほぐしてから，染色液(酢酸カーミン液)を数
滴加えた。

Ⅲ 数分後に，カバーガラスをかけて，ろ紙をのせ，指で静かに
おしつぶした。

(1) タマネギの断面を示した右の図
の**ア～エ**のうち，細胞分裂を観
察するのに最も適当な部分を1
つ選び，記号で答えなさい。

　　　　　　　　　　[　　　]

ア 表側の表皮
イ 裏側の表皮
ウ 根のつけね
エ 根の先端

(2) Ⅰの下線部分について，うすい塩酸に入れて1分間あたため
たのはなぜか。その理由として，最も適当なものを，次の**ア**
～**エ**から1つ選び，記号で答えなさい。　　　　[　　　]

ア 細胞内の水分をとり除くため。

イ 細胞どうしを離れやすくするため。

ウ 細胞を透明にするため。

エ 細胞壁を硬くして，細胞をつぶれにくくするため。

〔新潟－改〕

1・2年の復習

第1章

第2章

第3章

第4章

第5章

総仕上げテスト

くわしく　体細胞分裂のようす
　細胞が分裂するとき
には，核の中身は染色体にま
とめられる。
　縦に割れ目が生じた染色体は
分裂の途中で細胞の真ん中に
並び，2つに分かれて両端に
分かれていく。

くわしく　動物細胞の分裂
　動物の細胞分裂では，
細胞質の中にある中心体とよ
ばれる部分がまず2つに分裂
し，細胞の両方の端に移動し，
それに向かって染色体は引か
れていく。

注意　根の細胞の観察
　顕微鏡は，観察する
ものの下から光をあて，通り
抜けてきた光を見るしくみに
なっている。このため，観察
するものに厚みがあると，光
が十分に通り抜けない。ここ
では，根をやわらかくしてお
しつぶすことで，細胞がほぼ
1層になるようにしている。
上からおしつぶしても細胞が
1層に広がるだけで，細胞そ
のものがこわれるわけではな
い。

くわしく　植物細胞の成長
　成長点の少し上の部
分で，成長前と成長後を比較
すると，細胞質や核の体積は
変化しておらず，液胞の部分
の体積だけが増加しているこ
とがわかる。

Step 2 標準問題

時間 30分　合格点 70点　得点 点

解答▶別冊25ページ

重要 **1** ［細胞分裂］植物の細胞分裂のようすを調べるために，次のような観察をした。これに関して，次の問いに答えなさい。

　タマネギの根の先端を3mmぐらい切りとり，うすい塩酸に3～5分間ひたす処理をしたのち，とり出して水で静かにすすぐ。これをスライドガラスの上に置き，柄つき針で細かくほぐし，染色液を1滴落として10分間待つ。カバーガラスをかけて，さらにその上にろ紙を置いて，親指でゆっくりとおしつぶす。できあがったプレパラートを顕微鏡で観察する。

記述式 (1) 根の先端をうすい塩酸にひたす処理には，細胞分裂をとめるはたらきのほかに，もう1つはたらきがある。それはどのようなはたらきか。簡単に書きなさい。

(2) 次の**ア〜エ**のうち，この観察で使用する染色液として，最も適当なものはどれか。1つ選び，記号で答えなさい。

ア BTB液　　**イ** 酢酸オルセイン液
ウ ヨウ素液　**エ** ベネジクト液

(3) 右の**ア〜カ**の図は，観察した細胞分裂のいろいろな段階のようすをスケッチしたものである。**ア**を始まりとして，**カ**が最後になるように，**イ〜オ**を細胞分裂の順に並べかえると，どのようになるか。左から右に順に並ぶように，記号で答えなさい。

ア　イ　ウ
エ　オ　カ

(4) 植物の根や茎の先端部にあり，細胞分裂が盛んな場所を何というか。漢字三文字で答えなさい。

〔香川－改〕

1 ((1)・(3)・(4)6点×3，(2)5点−23点)

(1)	
(2)	
(3)	ア→　→　→ →　→カ
(4)	

ワンポイント

細胞どうしが重なり，くっつきあっていると観察がしにくいので，細胞どうしの結び付きをゆるめてからおしつぶしを行う必要がある。

2 ［根の成長のようす］植物の成長に関する次の問いに答えなさい。

(1) タマネギを使って，植物の根が成長するしくみを調べた。

観察　図1のタマネギの根に，先端から3mm間隔に油性のペンで印をつけて，24時間後の印の位置を観察した。

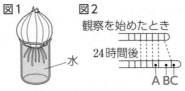

図1　図2
観察を始めたとき
24時間後
A B C
水

1・2年の復習
第1章
第2章
第3章
第4章
第5章
総仕上げテスト

図2は，その印の位置を模式的に表したものである。また，24時間後の根のA～Cの部分を切りとり，酢酸オルセイン液をたらし，3枚のプレパラートをつくった。表は，それぞれのプレパラートを顕微鏡で観察したときの記録をまとめたものである。

プレパラート	X	Y	Z
顕微鏡で観察した細胞のスケッチ（400倍）			
細胞の形や大きさなど	細長い形の大きい細胞が見えた。	小さい細胞がたくさん見えた。	四角い形の細胞が見えた。
細胞の中のようす	赤く染まったまるいつくりが見えた。	赤く染まったひも状のつくりが見えた。	赤く染まったまるいつくりが見えた。

①表の下線部のまるいつくりを何というか。名称を書きなさい。

②プレパラートYで，ひも状のつくりが見えた。このことから，プレパラートYをつくるために切りとった部分では，どのようなことが起こっていると考えられるか。起こっていることを書きなさい。

③プレパラートYで見られたひも状のつくりのものは何というか。名称を書きなさい。また，ひも状のものは，親から子へ形質を伝えるものを含んでいる。これを何というか。名称を書きなさい。

④プレパラートX～Zは，それぞれ図2のA～Cのどの部分からつくったものか。適切なものを，A～Cから1つずつ選び，記号で答えなさい。

記述 ⑤図2の「観察を始めたとき」と「24時間後」で，Aを含む部分の両側の印の間隔が変化しなかったのはなぜか。その理由を書きなさい。

重要 (2) 生物のからだの成長に関する次の文の①～③に入る適切な語句を書きなさい。

ミカヅキモのような単細胞生物は，からだが1個の細胞でできている。

一方，タマネギのような ① 生物の植物では，まず，からだの特定部分で細胞の数が ② し，続いて，そのひとつひとつの細胞が ③ なることで，からだ全体が成長している。

［兵庫－改］

2 (7点×11－77点)

(1)	①	
	②	
	③	ひも状のつくりのもの
		形質を伝えるもの
	④	X
		Y
		Z
	⑤	
(2)	①	
	②	
	③	

ワンポイント

(1) 根の先端を根冠といい，その基部側で細胞分裂がさかんに起こる。根冠は根の成長点を保護している。

(2) 単細胞生物では，体細胞分裂がそのまま生殖を意味する。

12 生物のふえ方

⌖ 重要点をつかもう

1 生殖
生殖とは，生物がなかまをふやすことである。

2 有性生殖
- 雄と雌のつくる生殖細胞が受精することにより新しい個体をつくる生殖方法。
- 生殖細胞（卵・精子）は特別な細胞分裂の減数分裂によってつくられ，染色体数が半減する。
- 新しい個体（子）は両方の親から半分ずつ染色体を受けついでいる。

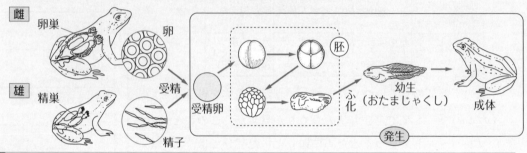

3 無性生殖
親のからだが分裂したり，一部が分かれて新しい個体になる生殖方法。

Step 1 基本問題

解答▶別冊26ページ

1 図解チェック⚡ 次の図の空欄に，適当な語句を入れなさい。

▶植物の有性生殖◀

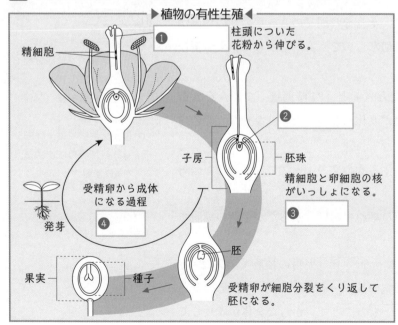

精細胞

① ＿＿＿＿＿＿　柱頭についた
花粉から伸びる。

②

子房

胚珠

精細胞と卵細胞の核
がいっしょになる。

③

胚

受精卵から成体
になる過程

④

発芽

果実　　種子

受精卵が細胞分裂をくり返して
胚になる。

Guide

⚠ **注意　受粉と受精**
花粉がめしべの柱頭につくことを受粉という。花粉から伸びた花粉管を通って，精細胞が胚珠の卵細胞に送られ，それぞれの核がいっしょになることを受精という。

🎓 **くわしく　精細胞**
精細胞は動物の精子にあたるが，精子のような尾をもたない。

☕ **ひと休み　精子をつくる植物**
裸子植物のソテツとイチョウは，コケ植物やシダ植物のように精子をつくる。

2 [カエルのふえ方] 池で採取したカエルの卵を観察するとともに，カエルのふえ方についてまとめた。図は，カエルの卵が時間の経過とともに変化したようすをスケッチしたものの一部である。次の問いに答えなさい。

ア イ ウ エ

(1) 図のア～エを変化した順に並べなさい。

[　　 → 　　 → 　　 → 　　]

(2) ①受精卵が細胞分裂を始めてから，からだのつくりとはたらきが完成していく過程を何というか。また，②自分で食物をとることができる個体となる前までを何というか。それぞれ書きなさい。 ①[　　] ②[　　]

(3) このカエルのからだをつくる細胞の染色体の数が22本として，次の文中の[①]には適切な言葉を，[②]，[③]にはそれぞれ適切な数を書きなさい。

　卵や精子がつくられるとき，特別な細胞分裂である[①]が行われ，染色体の数がそれぞれ[②]本になる。卵と精子が受精してできた受精卵の染色体の数は[③]本である。
　①[　　] ②[　　] ③[　　] 〔富山－改〕

3 [植物の有性生殖] 植物は，自分と同じ種類の子孫をつくり，なかまをふやしていく。右の図は，ある植物の花の断面の模式図である。これについて，次の問いに答えなさい。

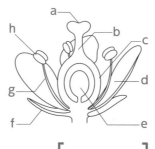

(1) 図のめしべの根もとのふくらんだ部分cを何というか，書きなさい。 [　　]

(2) つぼみの時期に減数分裂を行っている細胞があるのは，図のa～hのうち，どの部分か。あてはまるものをすべて選び，記号で答えなさい。 [　　]

記述式
(3) 図のような植物では，どのようにして受精が起こるか。受粉してから受精が完了するまでの過程を書きなさい。ただし，次の2つの語句を用いなさい。（花粉管，合体）

[　　]

〔石川－改〕

1・2年の復習
第1章
第2章
第3章
第4章
第5章
総仕上げテスト

くわしく **カエルの発生**
　受精卵が細胞分裂を始めて細胞の数をふやし，からだの各部分ができ，幼生のおたまじゃくしになる(細胞分裂をはじめて，ふ化しておたまじゃくしになる前までの間を胚という)。そうなると自分で食物をとることができ，からだのつくりが大きく変化して成体のカエルになる。この全過程を発生という。

ことば **減数分裂**
　生殖細胞をつくるときの細胞分裂。動物では，卵や精子，植物は精細胞や卵細胞をつくる過程のことであり，染色体の数が体細胞の半分になる。

くわしく **無性生殖の例**
　親のからだの一部から新しい個体をつくる方法。
①分裂…ゾウリムシ・アメーバ・ミドリムシなどの単細胞生物に見られる。
②出芽…ヒドラ・酵母菌など
③栄養生殖…ジャガイモ・サツマイモ・オニユリなど
④胞子生殖…アオカビ・ミズカビ・マツタケ・コンブ・イヌワラビ・スギゴケなど

Step 2 標準問題

解答▶別冊26ページ

1 [カエルの発生] カエルの発生と行動について調べた。次の問いに答えなさい。図1

重要 (1) 図1は，カエルの受精卵が発生していくようすを示したものである。図1のA〜Eのスケッチを，Aを最初にして正しい順に並べかえなさい。

図2

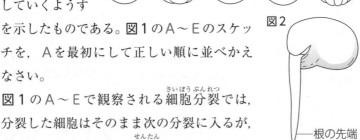

——根の先端付近

記述式 (2) 図1のA〜Eで観察される細胞分裂（さいぼうぶんれつ）では，分裂した細胞はそのまま次の分裂に入るが，図2のソラマメの根の先端（せんたん）付近で見られる細胞分裂では，分裂した細胞は次の分裂に入るまでにどのように変化するか。簡潔に書きなさい。

(3) 胚（はい）がおたまじゃくしの時期をへて，どのように育っていくかを正しく述べているものを，次のア〜エから1つ選び，記号で答えなさい。

ア えらができたあと，あしが出て，尾（お）がなくなる。

イ えらができたあと，尾がなくなり，あしが出る。

ウ あしが出たあと，えらができて，尾がなくなる。

エ あしが出たあと，尾がなくなり，えらができる。

〔鹿児島－改〕

1 (11点×3－33点)

(1)
A→　　　　→
→

(2)

(3)

> **ワンポイント**
>
> 動物の受精卵が分裂していくことを卵割（らんかつ）といい，ふつうの体細胞分裂と異なり，分裂のたびに細胞体積は小さくなっていく。

2 [生殖（せいしょく）の方法] 下の表について，あとの問いに答えなさい。

記号	生殖の方法	生物の例	
①	a をしてふえる	ゾウリムシ	c
②	受精をしてふえる	ヒ　ト	d
③	出芽をしてふえる	ヒドラ	コウボキン
④	根や茎でふえる	ジャガイモ	e
⑤	b でふえる	ヤマイモ	オニユリ

(1) 表中のa・bに，それぞれあてはまる語を書きなさい。

(2) 表中のc〜eにあてはまる生物として適当なものを，次のア〜カからそれぞれ2つずつ選び，記号で答えなさい。

ア ダリア　　イ イチョウ　　ウ ミカヅキモ

エ ウニ　　オ サツマイモ　　カ アメーバ

2 ((1)・(2)5点×5，(3)・(4)6点×2－37点)

(1)	a
	b

(2)	c
	d
	e

(3)

(4)

(3) 表の記号①〜⑤から，無性生殖をすべて選び，記号で答えなさい。

(4) 無性生殖の特徴についての記述として適当なものを，次の**ア**〜**エ**から選び，記号で答えなさい。

　ア 単独でふえるので能率がよい。

　イ 親と子の間で遺伝子の組み合わせが異なる。

　ウ 環境の変化に対する適応という面で有利である。

　エ 親とは違った新しい性質をもった個体が生じやすい。

〔洛南高－改〕

ワンポイント

有性生殖では，両親の性質を合わせもつ多様な子ができる。無性生殖では，親と同じ性質をもった子ができる。

3 ［植物の有性生殖］図は，ある被子植物において，花粉が柱頭についたあとのようすを模式的に表したものである。これについて，次の問いに答えなさい。

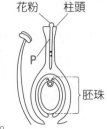

花粉　柱頭

P

胚珠

(1) 花粉が柱頭についたあと，図のPが伸びる。Pは何とよばれるか。その名称を書きなさい。

(2) 次の文の①〜③の［　］の中から，それぞれ適当なものを1つずつ選び，その記号を書きなさい。

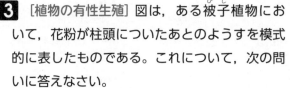

> 図のPの中を移動した①［**ア** 精細胞　**イ** 卵細胞］の核が，胚珠にある②［**ア** 精細胞　**イ** 卵細胞］の核と合体することを③［**ア** 受粉　**イ** 受精］とよぶ。

(3) 精細胞，卵細胞，③の後に成長してできた胚について，各細胞1個の核内にある染色体の数をそれぞれ a，b，c としたとき，その関係を正しく表したものを，次の**ア**〜**エ**から1つ選び，記号で答えなさい。

　ア $a = b = c$

　イ $a + b = c$

　ウ $\dfrac{1}{2}a + \dfrac{1}{2}b = c$

　エ $2a + 2b = c$

(4) 植物のなかまには，花粉が図のように柱頭につくもののほかに，胚珠に直接つくものがある。次の**ア**〜**エ**のうち，花粉が胚珠に直接つく植物として，適当なものを1つ選び，その記号を書きなさい。

　ア ゼニゴケ　　**イ** エンドウ

　ウ スギ　　　　**エ** ゼンマイ

〔愛媛－改〕

3 (5点×6−30点)

(1)	
(2)	①
	②
	③
(3)	
(4)	

ワンポイント

(4)胚珠が子房に包まれていないため，花粉が直接つく。

13. 遺伝の規則性

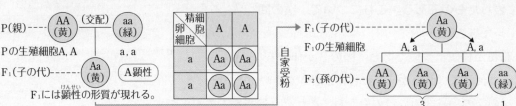

重要点をつかもう

1 形質と遺伝

　生物がもつ形や性質で，種子の形や色，動物の毛の色などを形質という。形質が遺伝子(DNA(デオキシリボ核酸))によって親から子，孫へ伝わることを遺伝という。

2 減数分裂

　有性生殖は生殖細胞の受精で起こる。染色体数がもとの半分(遺伝子も半分)になる減数分裂でつくられる。

右図:
遺伝子
親の細胞　染色体　─減数分裂─
生殖細胞・子の細胞
受精
受精卵

3 遺伝の規則性

　対をなす形質では，純系の親どうしの有性生殖によって生まれた子はどちらか一方の形質を示す。

P(親)----(AA(黄))(交配)(aa(緑))
Pの生殖細胞A, A　　a, a
F₁(子の代)-----(Aa(黄))　A顕性
F₁には顕性の形質が現れる。

精細胞 卵細胞	A	A
a	Aa	Aa
a	Aa	Aa

自家受粉

▲ エンドウの子葉の色の遺伝

→F₁(子の代)--------(Aa(黄))
F₁の生殖細胞　A, a　　A, a
F₂(孫の代)--(AA(黄))(Aa(黄))(Aa(黄))(aa(緑))
　　　　　　　　3　：　1
F₂には，F₁でかくれていたPの形質が再び現れる。

Step 1 基本問題

解答▶別冊27ページ

1 図解チェック⚡ 次の図の空欄に，適当な語句を入れなさい。

▶エンドウの交配実験◀

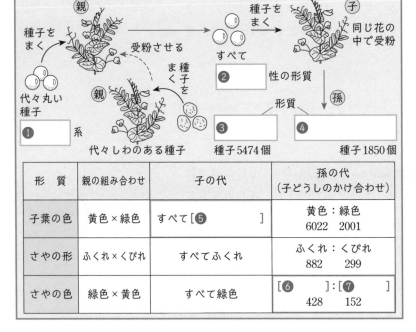

種子をまく／親／受粉させる／種子をまく／子／種子をまく／同じ花の中で受粉／すべて／② 性の形質／代々丸い種子／❶ [　]系／代々しわのある種子／形質／孫／③ 種子5474個／④ 種子1850個

形　質	親の組み合わせ	子の代	孫の代 (子どうしのかけ合わせ)	
子葉の色	黄色×緑色	すべて[❺　　]	黄色 ： 緑色 6022　2001	
さやの形	ふくれ×くびれ	すべてふくれ	ふくれ ： くびれ 882　299	
さやの色	緑色×黄色	すべて緑色	[❻　]：[❼　] 428　152	

2 [遺伝] 次の文中の［　］をうめて，正しい文にしなさい。

(1) メンデルは［①　　　　　　　　　］を用いた実験で，［②　　　　　　　］の基本的なしくみを明らかにした。生物に特徴的な形や性質を［③　　　　　］というが，メンデルは，この［③］は現在使っている言葉の［④　　　　　］によって決まると考えた。［④］の本体は［⑤　　　　　］であることが現在わかっている。

(2) 例えば，エンドウには丸い種子と，しわのある種子をつくるものがある。何代にもわたって丸い種子のみをつくるものと，しわのある種子のみをつくるものとをかけ合わせると，［①　　　　　］種子のみができる。かけ合わせによる子には，親の形質のどちらか一方が現れる。この形質を［②　　　　　］の形質といい，現れなかったほうを［③　　　　　］の形質という。

3 ［メンデルの遺伝］生物の形質の遺伝について，次の実験を行った。図は，実験のようすを模式的に表したものである。あとの問いに答えなさい。

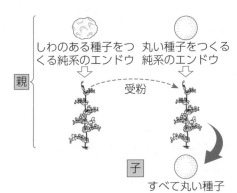

親｛ しわのある種子をつくる純系のエンドウ　丸い種子をつくる純系のエンドウ

受粉

子　すべて丸い種子

実験 しわのある種子をつくる純系のエンドウの花粉を，丸い種子をつくる純系のエンドウに受粉させたところ，すべて丸い種子ができた。

(1) 次は，実験結果からの形質の遺伝についての考察文である。文中の①〜③に適するアルファベット2文字を答えなさい。

　考察 親の細胞では1つの形質についての遺伝子が1対になっており，生殖細胞にはその遺伝子が1つずつ分かれ，受精のときに再び対になる。実験について，丸い種子をつくる遺伝子をA，しわのある種子をつくる遺伝子をaとして考えると，丸い種子をつくる親の遺伝子の組み合わせは［①　　　］，しわのある種子をつくる親の遺伝子の組み合わせは［②　　　］となり，子の遺伝子の組み合わせはすべて［③　　　］であったと考えられる。

(2) この実験のように，形質の異なる純系の交配で，下線部のように子に現れる形質を何といいますか。［　　　　　　　　　］

〔島根－改〕

1・2年の復習
第1章
第2章
第3章
第4章
第5章
総仕上げテスト

ことば　**DNA(デオキシリボ核酸)**

染色体中には遺伝子の本体であるDNAが含まれている。これは，リン酸と糖と塩基が1つずつ結合したものが多数結合してできている。

注意　**顕性と潜性**

ある1対の形質(対立形質という)でそれぞれの純系の個体どうしをかけ合わせたとき，生まれてきた子に現れた形質が顕性(優性)形質で，もう一方が潜性(劣性)形質である。

ことば　**分離の法則**

対をなす親の遺伝子が，減数分裂で生殖細胞になるときに別々に分かれ，1つずつ生殖細胞に入ること。

Step ② 標準問題

| 時間 30分 | 合格点 70点 | 得点 点 |

解答▶別冊27ページ

重要 1 ［遺伝と個体数］エンドウは受粉した

のち受精して子孫を残す。このとき親の

形質は，染色体にある□□□□に

よって子に伝えられる。エンド

ウの形質の１つに種子の形があ

り，これには，丸としわがある。

図１はそれらを模式的に示した

ものである。

図１

丸　　しわ

図２
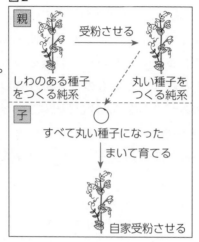

親　しわのある種子 → 受粉させる → 丸い種子を
をつくる純系　　　　　　　　　つくる純系

子　○
すべて丸い種子になった
まいて育てる
自家受粉させる

　図２のように，①しわのある

種子をつくる純系のエンドウの

花粉を丸い種子をつくる純系の

エンドウの花に受粉させると，

子はすべて丸い種子になった。

さらに，②できたすべての種子をまいて育てたのち，自家受粉させ

た。次の問いに答えなさい。

(1) 上の文の□□□□にあてはまる語句を書きなさい。

(2) 下線部①のように，一方の親の形質だけが子に現れるとき，そ

の現れる形質を何といいますか。

(3) 下線部②の結果，12000個の種子ができた。このうち，しわの

ある種子は何個と考えられるか。次の**ア**〜**エ**から選びなさい。

　ア 3000個　　**イ** 4000個　　**ウ** 6000個　　**エ** 8000個

〔長　崎〕

1 (10点×3−30点)

(1)	
(2)	
(3)	

ワンポイント

純系とは対をなす２つの遺

伝子が同じである個体のこ

とをいう。

例　ある形質の顕性遺伝子

をA，潜性遺伝子をaと

するとき，純系の遺伝子は

AA，またはaaの組み合

わせで表される。

2 ［遺伝と遺伝子］右の図に示した遺

伝の規則性について述べた次の文章

を読み，あとの問いに答えなさい。

　赤い花が咲く純系のマツバボタン

（親）の花粉を，白い花が咲く純系の

マツバボタン（親）のめしべにつけて

できた種子（子）をまいたところ，子

のマツバボタンは，すべて赤い花が咲く個体であった。

　次に，赤い花が咲く子どうしをかけ合わせてできた種子（孫）を

まいたところ，孫のマツバボタンは，赤い花が咲く個体の数が

434，白い花が咲く個体の数が144であった。

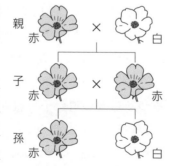

親　赤　×　白
子　赤　×　赤
孫　赤　　　白

2 (10点×3−30点)

(1)	
(2)	子
	孫

(1) 下線部のように，雌と雄がつくる細胞が受精して子孫を残すふえ方を何というか，書きなさい。

(2) マツバボタンの花の色を赤くする遺伝子を A，白くする遺伝子を a とすると，体細胞の遺伝子の組み合わせには，AA，Aa，aa がある。図の「子」の体細胞の遺伝子と，「孫のうち赤い花が咲く個体」の体細胞の遺伝子の組み合わせをすべて答えなさい。 〔山口－改〕

3 [遺伝の法則] 右の図は，エンドウの紫色の花が咲く純系と，白色の花が咲く純系とを両親(P)として交配し，孫の代(F₂)までの花の色の遺伝についての実験結果をまとめたものである。次の問いに答えなさい。

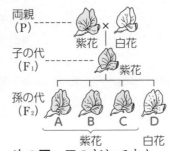

3 (10点×4－40点)

(1)

(2)

(3)

(4)

(1) 紫色と白色の花の遺伝的な関係は，次のア～エのどれですか。

ア 紫色が潜性である。　　イ 白色が潜性である。

ウ 顕性・潜性の関係はない。

エ この実験では顕性・潜性はわからない。

(2) 孫の代(F₂)の A，B，C，D を交配して孫の代(F₃)をつくり，現れる色の割合を調べたら右の表のようになった。この結果から A，B，C，D の中で，花の色について子の代(F₁)と遺伝子の組み合わせが同じものが２つあるとわかる。それは，次のア～エのどれですか。

F₂	A×B	B×D	C×D
F₃	紫：白がほぼ3：1	紫と白がほぼ同数	全部紫

ア AとB　　イ AとC　　ウ BとC　　エ CとD

(3) エンドウが，遺伝の実験材料として使いやすいのは，エンドウに，次のア～エのどのような特徴があるためですか。

ア 虫媒花で，虫によって花粉が運ばれるので交配しやすく，雑種ができやすい。

イ 同じ１つの花のおしべとめしべの間で受粉が起こり，多数の種子を生じ，対立形質がはっきりしている。

ウ 風媒花で，多数の花の交配がしやすく，雑種ができやすい。

エ 人工受粉を行わないと受粉せず，形質のはっきりとした種子が少しできる。

(4) 遺伝の法則を発見した人は，次のア～エのだれですか。

ア ダーウィン　イ アルキメデス　ウ メンデル　エ パスカル

〔国立高専－改〕

14 生物の進化

🎯 重要点をつかもう

1 生物の共通性

生物のからだには多くの共通点があり、同じ共通の祖先をもつと考えられる。

● 共通点が多いほど、なかまとして近い。

● 生活環境や生活のしかたなどにあわせて、多様な生物に枝分かれしていった。

2 相同器官

外観やはたらきは異なるが、構造から、もとは同じであったと考えられる器官。進化の証拠の1つと考えることができる。

3 進化

生物が長い時間をかけて代を重ねて、変化してきたこと。

● 単純な生物→複雑な生物

● 水中の生物→陸上の生物

● 動物の進化…単細胞生物→多細胞生物→無セキツイ動物→セキツイ動物

● 植物の進化…単細胞生物→多細胞生物→藻類→コケ・シダ植物→裸子植物→被子植物

Step 1 基本問題

解答▶別冊27ページ

1 図解チェック⚡ 次の図の空欄に、適当な語句を入れなさい。

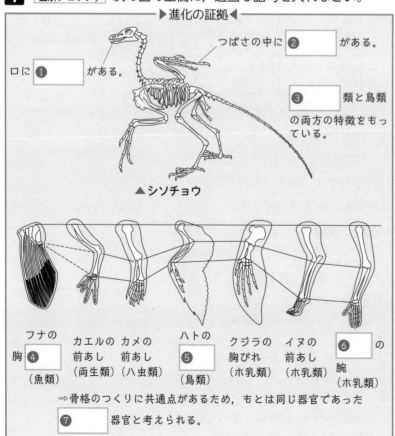

▶進化の証拠◀

口に ① がある。

つばさの中に ② がある。

③ 類と鳥類の両方の特徴をもっている。

▲シソチョウ

フナの胸 ④ （魚類）

カエルの前あし（両生類）

カメの前あし（ハ虫類）

ハトの ⑤ （鳥類）

クジラの胸びれ（ホ乳類）

イヌの前あし（ホ乳類）

⑥ の腕（ホ乳類）

⇒骨格のつくりに共通点があるため、もとは同じ器官であった ⑦ 器官と考えられる。

Guide

ことば 相同器官
同じものから変化したと考えられる器官。共通の祖先をもつ証拠となる。

くわしく 相似器官
鳥類と昆虫のはねのように、形やはたらきは似ているが、つくりや由来は異なる器官。

2 [セキツイ動物の進化] 動物のなかまについて，次の問いに答えなさい。

(1) 右の図は，セキツイ動物の前あしにあたる器官の骨格を，ヒト，ハト，クジラ，コウモリ

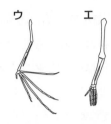

ア　イ　ウ　エ

について示した模式図である。このうち，水中生活に適しているクジラの骨格はどれか。**ア～エ**から選び，記号で答えなさい。　[　　　]

(2) 地球上に誕生した生物は，長い年月の間にからだのつくりが変化し，いろいろななかまに分かれていった。このことを生物の何といいますか。　[　　　]

〔福井－改〕

3 [進化の証拠] 次の文は，博物館を見学したある生徒の記録である。文中の下線部について，あとの問いに答えなさい。

図のようなセキツイ動物の復元図が展示されていた。このセキツイ動物は約1億5000万年前の地層から化石として発見されたものだった。

(1) 次の文は，このセキツイ動物の特徴について生徒が調べたことをまとめたものである。A，Bにあてはまる言葉の組み合わせとして適当なものを，次の**ア～カ**の中から選び，記号で答えなさい。

羽毛や翼があるなど現在の　A　類の特徴を示していた。一方，翼の中ほどには，3本の爪があり口には歯をもつなど現在の　B　類の特徴も示していた。

	A	B
ア	両生	ハ虫
イ	両生	鳥
ウ	ハ虫	両生
エ	ハ虫	鳥
オ	鳥	両生
カ	鳥	ハ虫

[　　　]

(2) このセキツイ動物の名称は何か，書きなさい。

[　　　]　〔福島－改〕

1・2年の復習
第1章
第2章
第3章
第4章
第5章
総仕上げテスト

Step ② 標準問題

時間 30分　　合格点 70点　　得点 点

解答▶別冊27ページ

重要 ❶ [生物の進化] 次の文章を読んで，あとの問いに答えなさい。

1 ((1)・(3) 3点×22,
(2) 4点－70点)

地球上に最初に現れた生物は，海中を生活の場とする単純な単細胞生物であった。この生物は酸素を必要とせず，海中に溶けていた有機物をエネルギー源としていた。しばらくして，太陽の光エネルギーを利用して有機物をつくる ① ができる細菌が現れ，海中や空中に ② をはき出すようになった。一時，この②によって当時の生物は死滅しかけたが，逆にその②を利用して多くのエネルギーをとり出すことができる細菌が出現した。この②を利用できる細菌が当時の単純な単細胞生物にとりこまれ，現在の ③ 細胞ができたと考えられている。またさらに①ができる細菌もとりこまれ，現在の ④ 細胞ができたと考えられる。そして新たにできた細胞が集合し，さらに役割分担をすることによって多細胞生物が現れた。

植物は，水中で生活する藻類がやがて陸上に進出し始めた。現在の ⑤ 植物がこれに近い。維管束はもたず，体表面すべてで水を吸収する。その結果乾燥に弱く，水ぎわ，あるいは湿度の高いところでしか生活できなかった。やがて ⑥ をもつ， ⑦ 植物が現れた。根で水を吸収し，全身に水を運ぶことができるために大型化していくことができた。しかし，子孫を残す際に精子が泳いで卵細胞に移動することが必要なことから，完全に乾燥に適応することはできず，それには ⑧ 植物の登場を待たなければならなかった。⑧植物はむき出しの ⑨ に花粉が付着することによって受精し，次の世代を残すことができることから，乾燥に適応した形態となっている。さらに⑨が ⑩ に包まれている ⑪ 植物が登場することによって，完成した形態となったと説明することができる。

動物は，さまざまな情報を処理することができるように神経系が発達した生物が現れ始め，この神経系を骨格の中に閉じこめ，さらに骨格を利用して素早く運動できるセキツイ動物が水中に現れた。これが ⑫ 類である。この⑫類もやがて陸上への進出をし始める。そのためにはえらにかわり， ⑬ をもつ必要がある。それが現在でも見られるa肺魚である。また水中では浮力を利用してからだを支える必要はないが，陸上では重力が直接は

(1) ①②③④⑤⑥⑦⑧⑨⑩⑪⑫⑬⑭⑮⑯⑰⑱⑲⑳

(2)

(3) c
d

たらくのでからだを支えるためのあしが必要である。このあしに似たひれをもつ⑫類がb ⑭ である。これらの⑫類がやがて両生類になったと考えられる。両生類は，幼生はえら呼吸と皮膚呼吸，成体は⑬呼吸と皮膚呼吸を行う。産卵は水中に行うことから，水ぎわでしか生活できない。やがて ⑮ 類が出現すると，完全に肺呼吸を行い，また地上に産卵するようになる。この卵はかたい殻をもち乾燥に強い。しかし体温を維持することができない ⑯ 動物であった。その⑮類がやがて ⑰ でおおわれ，かたい殻をもった卵を産み，体温を維持できる ⑱ 動物である鳥類に進化する。この中間的な生物が ⑲ である。また一方で，体毛でおおわれ，体温を維持でき，さらに母体内で子をある程度まで育てる ⑳ の動物が出現した。これがホ乳類である。ホ乳類は地球各地に分布し，鳥類のようにc空中を生活の場に選んだり，また陸上から再びd水中にもどって生活するようになった動物もいる。

(1) （①）～（⑳）にあてはまる語を，答えなさい。

(2) aやbのように，太古の形態を残した生物を何とよびますか。

(3) c，dのような動物を，それぞれ1つずつあげなさい。

2 [生物の類縁関係] タンパク質はアミノ酸が多数鎖状に結合したもので，このアミノ酸の並び方はタンパク質の種類によっておおよそ共通するが，生物の種類によって少しずつ異なり，生物の類縁関係を知る手がかりになる。表は，そのタンパク質の一種であるヘモグロビン分子中のアミノ酸の数の違いを，8種類の生物間で示したものである。次の問いに答えなさい。

コイ	カモノハシ	ヒト	ウサギ	カンガルー	サメ	イヌ	イモリ	
	75	68	71	71	85	67	74	コイ
75		37	49	49	84	42	71	カモノハシ
68	37		25	27	79	23	62	ヒト
71	49	25		37	75	28	69	ウサギ
71	49	27	37		80	33	67	カンガルー
85	84	79	75	80		80	84	サメ
67	42	23	28	33	80		65	イヌ
74	71	62	69	67	84	65		イモリ

(1) ヒトと類縁関係が最も遠いと思われる生物を，表から選びなさい。

(2) 右図は，8種類の生物が進化の過程で分岐したことを表す。①～④に適当な生物名を答えなさい。

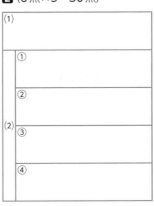

```
┌─── ①
│
├─── コイ
│
│  ┌─── ②
│  │
│  ├─── カモノハシ
│  │
│  │  ┌─── ③
│  │  │
│  │  ├─── ウサギ
│  │  │
│  │  │  ┌─── ④
│  │  │  │
│  │  │  └─── ヒト
```

2 (6点×5－30点)

(1)	
(2)	①
	②
	③
	④

Step ③ 実力問題

時間	合格点	得点
30分	70点	点

解答▶別冊28ページ

1 右の図は，アマガエルの精子と卵，それら
が合体してできた受精卵，その受精卵が細胞
分裂して2個の細胞となった直後の胚X，4個

精子 →
卵 → 受精卵 → 胚X → 胚Y

の細胞となった直後の胚Yを模式的に表したものである。図で示したアマガエルの細胞の染色
体の数について説明した下の文章中の①，②にあてはまる数の組み合わせとして最も適切なも
のを，あとのア~ケから選び，記号で答えなさい。(24点)

　図のアマガエルの胚Xの細胞1個に含まれる染色体の数は24本であった。このとき，アマガ
エルの精子に含まれる染色体の数は　①　本，また，胚Yの細胞1個に含まれる染色体の数は
　②　本である。

ア ①12 ②12　　**イ** ①12 ②24　　**ウ** ①12 ②48

エ ①24 ②12　　**オ** ①24 ②24　　**カ** ①24 ②48

キ ①48 ②12　　**ク** ①48 ②24　　**ケ** ①48 ②48

〔愛知−改〕

2 ウニの生殖方法について，次の問いに答えなさい。(8点×3−24点)

(1) ウニのように，雄の精子と雌の卵の異なる2種類の細胞のはたらきによって子をつくる生殖
を何とよぶか，答えなさい。

(2) ウニとは異なり，親のからだから分かれた一部がそのまま子になる生殖を何とよぶか，答え
なさい。

記述式
(3) ウニは(1)の生殖を行う。この生殖では，2つの生殖細胞が合体して子ができるのにも関わら
ず，子の細胞にある染色体の数は，親の細胞にある染色体の数の2倍ではなく，同数に保た
れている。これはなぜか，簡潔に述べなさい。

(1)	(2)
(3)	

〔山口−改〕

3 次の観察について，あとの問いに答えなさい。

(7点×3−21点)

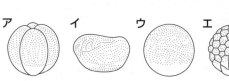

ア　イ　ウ　エ

　図は，学校の近くの池でカエルの卵をとって
きて，ルーペで観察し，スケッチしたものである。その卵を飼育すると，やがておたまじゃく
しになり，その後カエルになった。

(1) 図のスケッチア~エを，育っていく順序に並べなさい。

(2) カエルの受精卵からは，カエルが生まれ，違う種類の生物が生まれることはない。このように親から子に生物としての特徴(形質)が受けつがれることを ① という。生物としての特徴を表すもとになるものは，細胞分裂のときに現れるひも状の ② とよばれるものにあり，受精によって受けつがれていく。①，②にあてはまる語を書きなさい。

(1)				(2)	①		②	
	→	→	→					

〔北海道－改〕

重要 4 エンドウの種子の形質の遺伝には，種子を丸くする遺伝子と，しわにする遺伝子の2種類が関係し，卵細胞の核と精細胞の核が合体するとき，遺伝子がどのように組み合わされるかで現れる形質が決まる。エンドウの種子では，丸の形質が顕性で，しわの形質が潜性である。種子を丸くする遺伝子を A，しわにする遺伝子を a で表すとき，次の問いに答えなさい。(21点)

(1) 丸い種子をつくる純系のエンドウと，しわのある種子をつくる純系のエンドウを交配させた。子としてできた種子の遺伝子の組み合わせを，遺伝子を表す記号で書きなさい。(9点)

(2) 種子の形質のわからないエンドウ P と(1)でできた種子から成長したエンドウを交配させて子としてできた種子は，丸い種子としわのある種子がほぼ同数見られた。このとき，親として交配させたエンドウ P の遺伝子の組み合わせを，遺伝子を表す記号で書きなさい。また，エンドウ P は，次のア，イのどちらの種子から成長したものですか。(6点×2－12点)

ア 丸い種子　　**イ** しわのある種子

(1)		(2)	遺伝子	記号

〔福島－改〕

5 白花と赤花のオシロイバナをかけ合わせると，子の代(F_1)の花は全部桃色になった。実験結果は，メンデルの遺伝の法則にあてはまらないように見えるが，遺伝子の伝わり方は，メンデルの考えたとおりになっている。右の図のように，F_1 は両親から遺伝子を1つずつもらっている。このように考えると，F_1 どうしをかけ合わせた場合，その子(F_2)に，どのような花の色が，どのような割合になるかを予想できる。F_1 のつくる卵細胞と精細胞が結びついて新しい植物になると考えて，F_2 での，花の色が赤色，桃色，白色になる数の比を書きなさい。(10点)

親 AA————A′A′

子の代----AA′
(F_1)　　(桃)

赤色：桃色：白色＝	：	：

〔茨城－改〕

- -

ヒント

1 精子の染色体の個数は，胚のものの半分になる。
3 受精卵は，成長とともに細胞が増える。
4 Aa という遺伝子をもつとき，丸の形質を示す。しわの形質を示すのは aa という遺伝子をもつときだけである。
5 不完全顕性とよばれ，AA′ となると A の赤と A′ の白の中間の性質になると考えればよい。

15 天体の1日の動き

🎯 重要点をつかもう

1 天球

地球（観測者）を中心とした見かけのドームで，観測者の真上を
天頂という。

2 地球の自転

地球は，北極と南極を結ぶ軸（地軸）を中心に，1日に1回西か
ら東の方向へ回転している。

- 地球の自転周期（360°回転する）は23時間56分4秒である。
- 太陽が南中してから翌日に南中するまでは24時間である。

3 日周運動

天体の1日の見かけの動きを表し，星は，北極星を中心に反時計回りに回転する。1日（約24時間）
に1回転（360°）なので，1時間には約15°移動する。ただし，これは北半球での見かけの動きである。

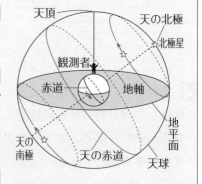

Step 1 基本問題

解答▶別冊28ページ

1 図解チェック⚡ 次の図の空欄に，適当な語句を入れなさい。

▶太陽と星の日周運動◀

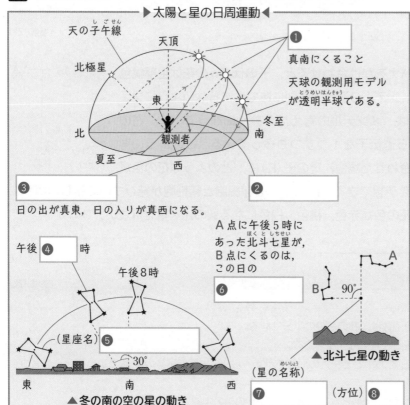

① ＿＿＿＿＿
真南にくること

天球の観測用モデル
が透明半球である。

③ ＿＿＿＿＿
日の出が真東，日の入りが真西になる。

② ＿＿＿＿＿

午後 ④ ＿＿ 時
午後8時
（星座名）⑤ ＿＿＿＿＿
30°

▲冬の南の空の星の動き

A点に午後5時に
あった北斗七星が，
B点にくるのは，
この日の
⑥ ＿＿＿＿＿
90°

▲北斗七星の動き
（星の名称）
⑦ ＿＿＿＿＿ （方位）⑧ ＿＿

Guide

🎓 観測地点の緯度
北極星の高度と等し
い。また，春分・秋分の日は，
（90°－太陽の南中高度）から
求めることができる。

🎓 地軸の傾き
地球の自転軸は，公
転面に垂直な方向に対して
23.4°（公転面に対しては66.6°）
傾いている。季節によって，
太陽の高度や昼の長さが変化
するのは地軸の傾きと，地球
が太陽のまわりを公転してい
ることが原因である。

💬 経度と時刻
経度が15°西のほう
にずれると，太陽の南中時刻
は約1時間おくれる。

2 ［太陽の動きと地球］栃木県のある
地点で，9時から15時まで，1時間お
きに，図1のように，●印で太陽の位
置を記録した。ただし，12時はくもっ
ていたために記録できなかった。●印
をなめらかな線で結び，線XYを描き，太陽が南中したときの位
置Pに○印をつけた。次に，線XYに紙テープを重ね図2のよう
にうつしとり，各点の間の距離(きょり)を調べ，記入した。

図1

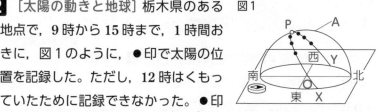

図2

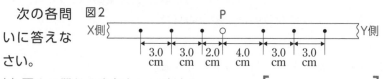

次の各問
いに答えな
さい。

(1) 図1の器具Aを何といいますか。　　　　　　　　　　［　　　　　　　］

記述式 (2) 観測結果のように，太陽が東から西への見かけの動きが起こ
る理由を，「地球が」という書き出しで簡潔に書きなさい。

［地球が　　　　　　　　　　　　　　　　　　　　　　　　　　　　　　　］

(3) この日に太陽が南中した時刻を次のア〜エから選びなさい。

　ア 11時20分　　　イ 11時40分　　　　　　　　　　［　　　　　　　］

　ウ 12時00分　　　エ 12時20分

(4) この日は，夏至(げし)の日，春分の日，秋分の日，冬至(とうじ)の日のいつ
ですか。　　　　　　　　　　　　　［　　　　　　　］〔栃木−改〕

3 ［恒星(こうせい)の日周運動］右の図
は，カシオペヤ座と北斗七星(ほくとしちせい)
を午後8時と午後10時の2
回，観察し，スケッチしたも
のである。図を見て，次の問
いにそれぞれ答えなさい。

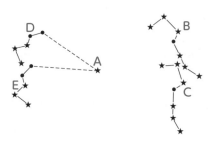

(1) 中央の星Aは何とよばれていますか。　　　　［　　　　　　　］

(2) 図の右側は，東，西，南，北のいずれの方角ですか。

　　　　　　　　　　　　　　　　　　　　　　［　　　　　　　］

(3) B〜Eのスケッチの中で，午後10時のものはどれですか。2
つ選び，記号で答えなさい。　　　　　　　　　［　　　　　　　］

(4) 2本の破線の間の角度は，およそ何度ですか。　［　　　　　　　］

(5) 図のような星座の動きは，地球の何によって起こる見かけの
動きですか。　　　　　　　　　　［　　　　　　　］〔九州工業高−改〕

1・2年の復習

第1章

第2章

第3章

第4章

第5章

総仕上げテスト

注意 北半球の四季
北半球が太陽の方向
に傾いている時期が，北半球
の夏である。

くわしく 天球と透明半球(とうめいはんきゅう)
地球や観測者を点と
した半径無限大の仮想の球を
天球という。観測者をとりま
く空間における方向を表すの
に便利である。
天球は東から西へ毎時約15°(周
期23時間56分4秒)で回転す
る。回転軸(じく)は地軸と平行な方
向である。
この天球の観測用モデルが透
明半球である。

くわしく 恒星の動き
北天の恒星は，北極
星を中心に反時計回りに1時
間に15°ずつ移動する。

注意 日周運動
①太陽…天球上を24時間で
1周する。季節によって経
路は異なるが，それぞれの
季節の経路は平行である。
②恒星…日周運動の周期は，
地球の自転周期(23時間56
分4秒)に等しい。季節に
よって経路は変化しない。

Step 2 標準問題

解答▶別冊29ページ

1 [太陽の日周運動] 日本における太陽の南中高度や日の出，日の入りの方角や時刻は，1年を通じて変化している。このことを説明したものとして誤っているものを，次のア〜エから2つ選び，記号で答えなさい。

ア 太陽の南中高度は，夏至の日に最も高くなり，冬至の日に最も低くなる。

イ 日の出の位置が1年の中で最も北よりになるのは，冬至の日である。

ウ 昼の長さは，夏至の日に最も長くなり，冬至の日に最も短くなる。

エ 夏や冬のように，季節によって気温が変化するのは，太陽の南中高度には関係がなく，昼の長さと夜の長さが関係している。

〔神奈川−改〕

1 (16点)

ワンポイント
冬至は，日が出ている時間が最も短い。

2 [透明半球] 福岡県のある地点で，よく晴れた夏至，冬至，それぞれの日に，太陽1日の動きを調べるために，透明半球を用いて，下の手順で観察を行った。図は，その観察結果である。これについて，あとの問いに答えなさい。

手順　①白い紙に透明半球と同じ直径の円を描き，円の中心を通る2本の直角な線を引いて，透明半球を円に合わせて固定する。

②固定した透明半球を水平な所に置いて，2本の線を東西南北に合わせる。

③9時から15時まで1時間ごとに，太陽の位置を示す印を，油性ペンで透明半球上につける。

④記録した太陽の位置を示す印をなめらかな線で結び，その線を透明半球の縁まで延長する。

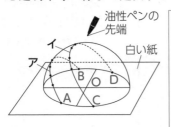

○は，白い紙に透明半球と同じ直径の円を描いたときの中心で，ア，イは観察したそれぞれの日の太陽の道筋を示し，A〜Dの印は，ア，イと透明半球の縁との交点である。

2 (8点×6−48点)

(1)
(油性ペンの先端の)
(2)
(3)
(4)　①
②
③

ワンポイント
(2)冬至の日は太陽の道筋が最も南側になる日のことである。

記述式 (1) 下線部について，透明半球上のどの位置に印をつけるか。「油性ペンの先端の」という書き出しで簡潔に書きなさい。

(2) 冬至の日の，日の入りの位置として適切なものを，図1のA
　　〜Dから1つ選び，記号で答えなさい。

(3) 観察で，透明半球上の太陽の軌跡は，太陽の1日の見かけの動
　　きを記録したものである。太陽の1日の見かけの動きを何とい
　　うか，書きなさい。

(4) 次の文中の①〜③にあてはまるものを次の**ア〜カ**からそれぞれ
　　1つずつ選び，記号で答えなさい。

> 観察で，太陽の位置を記録した，となり合う印と印の間隔の長
> さはすべて等しく，透明半球上を太陽が東から西へ動いているよ
> うに見える。これは，地球が　①　を中心として，　②　の方向へ，
> 1時間あたり　③　という一定の割合で回転しているからである。

ア 太陽　　**イ** 地軸　　**ウ** 東から西　　**エ** 西から東
オ 15°　　**カ** 30°

〔福岡，岐阜－改〕

3 [星の動き] 図は，ある日の20時の北の空のようすを表した模
　　式図である。これについて，あとの問いに答えなさい。

西　　北　　東

(1) 図中の恒星Aは，時間が経ってもほとんど動かないように見え
　　た。この恒星Aの名称を答えなさい。

(2) この場所の緯度は北緯35度であった。このとき，恒星Aの高
　　度は何度ですか。

(3) 図中の•印は，恒星Aを中心とし，恒星Bが通る円の周を12等
　　分する位置を示している。ある日の20時から4時間後の恒星
　　Bの位置を，上の右図に×印で書き加えなさい。

(4) (3)のように恒星Bが動いて見えたのは，地球が1日に1回回転
　　しているためである。このような運動を何というか，答えなさい。

記述式
(5) 恒星Aが見かけ上動いていないように見えるのはなぜか，その
　　理由を簡潔に述べなさい。

〔北海道－改〕

3 ((1)〜(4)7点×4, (5)8点－36点)

(1)	
(2)	
(3)（図に記入）	
(4)	
(5)	

ワンポイント
(3)星は1時間に15度移動
　して見える。

1・2年の復習
第1章
第2章
第3章
第4章
第5章
総仕上げテスト

16 季節の変化と四季の星座

重要点をつかもう

1 地球の公転

地球は 1 年で太陽のまわりを 1 回，回っている。地球の公転の向きは，自転の向きと同じである。

2 年周運動

天体の 1 年の見かけの動きである。

同じ時刻に見られる星座(恒星)の位置は，毎日少しずつ**東から西へ**とずれていき，1 年後に再びもとの位置で見られるようになる。

1 日に約 1° ずつ，1 か月ではおよそ 30° ずつ動くことがわかる。

3 南中時刻

星が南中する時刻は，毎日約 4 分(約 1°)ずつはやくなる。

東 ←---　　　南　　　---→ 西

▲ 午後8時ごろに見えるオリオン座の位置の変化

Step 1 基本問題

解答▶別冊29ページ

1 図解チェック 次の図の空欄に，適当な語句を入れなさい。

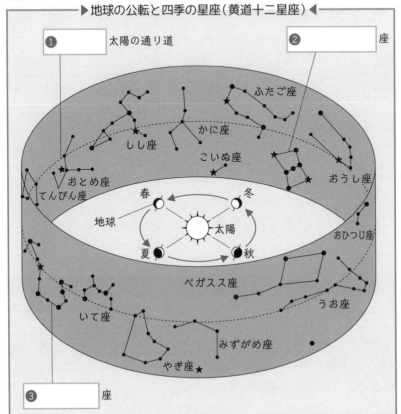

▶地球の公転と四季の星座(黄道十二星座)◀

❶　　　　太陽の通り道
❷　　　　座
ふたご座
かに座
しし座
こいぬ座
おうし座
おとめ座
てんびん座
春　　冬
地球　　　太陽
夏　　　秋
おひつじ座
ペガスス座
うお座
いて座
みずがめ座
やぎ座★
❸　　　　座

Guide

四季の星座
さそり座は冬に太陽の方向にあるので，観測することができない。オリオン座が夏に観測できないのも同じ理由である。

星座の動き
同じ時刻に見える星座は，北の空では，北極星を中心に毎日反時計まわりにずれ，南の空では毎日時計まわりにずれていく。
北，南の空とも，毎日少しずつ東から西にずれていく。

太陽の年周運動
地球は太陽のまわりを公転しているので，地球から見ると，太陽は天球(黄道)上を 1 年を周期として西から東へ移動するように見える。

2 [四季の星座] 右の図
は，春分，夏至，秋分，
冬至の日の地球の位置
と主な星座の位置関係，
地球の自転と公転の向
きをそれぞれ示したも
のである。図中のA〜

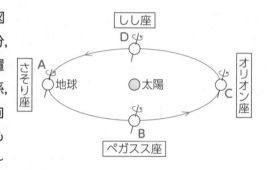

D は，地球の位置を示す記号である。このとき，日本で夜にさそ
り座が見えないのは，地球が図のどの位置にあるときか。次のア
〜エから1つ選び，記号で答えなさい。　　　　　　[　　　]
　　ア A　　イ B　　ウ C　　エ D
　　　　　　　　　　　　　　　　　　　　　　　　〔高田高−改〕

3 [星座の位置の変化] 青森県
のある場所でオリオン座を2時
間おきに観察した。右の図のA
〜Eは，その位置を記録したも
のであり，午後10時にはCの
位置にあった。これについて，
次の問いに答えなさい。

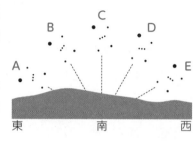

(1) 観察した季節はいつか，書きなさい。　　[　　　　　]
(2) 同じ日の午後10時から4時間後には，オリオン座はどの位置
　　に見えるか。図のA〜Eから1つ選び，記号で答えなさい。
　　　　　　　　　　　　　　　　　　　　　　[　　　　　]
(3) 1か月後の午後8時に，オリオン座はどの位置に見えるか。図
　　のA〜Eから1つ選び，記号で答えなさい。　[　　　　　]
　　　　　　　　　　　　　　　　　　　　　　　　〔青森−改〕

4 [夏の大三角] 下の図は，夏に見られる星座を示している。図
中の [　　] に適当な星座名または恒星名を記入しなさい。

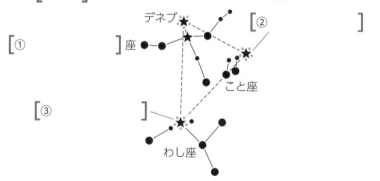

[①　　　　] 座

[②　　　　　　]

[③　　　　　]

デネブ

こと座

わし座

注意 四季の星座
さそり座は夏の星座
である。

くわしく 冬の大三角
以下の3つの星をさす。
・こいぬ座のプロキオン
・オリオン座のベテルギウス
・おおいぬ座のシリウス

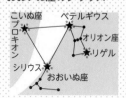

注意 星座の見え方
同じ時刻に見える星
座の位置は，1か月に30°西
側にずれる。
また1日のうちでは，1時間
に15°ずつ，見える位置が，
北の空では反時計回り，南の
空では時計回りにずれる。

注意 地軸の傾き
地球の自転軸は，公
転軌道面に垂直な方向より
23.4°傾いている。この地軸
の傾きと太陽のまわりを回る
公転によって，太陽の高度は
1年を周期として変化する。

1・2年の復習
第1章
第2章
第3章
第4章
第5章
総仕上げテスト

Step ② 標準問題

時間	合格点	得点
30分	70点	点

解答▶別冊29ページ

1 [地球の公転と季節の変化]

右の図は，日本のある地域で，透明半球（とうめいはんきゅう）を用いて，太陽の動きを記録したものである。

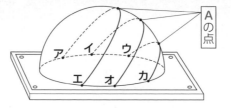

ただし，記録した日は春分の日，夏至（げし）の日，冬至（とうじ）の日であった。これについて，次の問いに答えなさい。

(1) Aの点は，その日の太陽が最も高い位置にきた点である。この位置にくることを何といいますか。

(2) 冬至の日の，日の入りの位置はどれか。図の**ア～カ**の中から選びなさい。

(3) 夏至の日と冬至の日の南中高度の差は何度ですか。

(4) (3)のことから，地球の自転軸（じてんじく）は公転軌道面（こうてんきどう）に対して何度傾（かたむ）いているとわかりますか。

1 (4点×4 − 16点)

(1)	
(2)	
(3)	
(4)	

重要 **2** [季節と星座] 2月20日の午前0時に，南の空をながめたら，しし座（図1）が見えて，その1等星レグルスが真南の空（北と観察者の真上と南を結ぶ半円上）にきていた。図2は地球から見た太陽の見かけ上の通り道に位置する星座を，模式的に表したものである。次の問いに答えなさい。

図1

しし座

レグルス

図2

(1) 図中のXは太陽の見かけ上の通り道である。Xを何というか，名称（めいしょう）を書きなさい。

(2) 地球がAの位置にあるとき，真夜中に南の空に見える星座は何座か。名称を書きなさい。

(3) しし座が南の方角の空に見えたとき，西の方角の地平線近くに見える星座は何か。最も適当なものを次の**ア～オ**から選び，記号で答えなさい。

ア おうし座　　**イ** かに座　　**ウ** てんびん座

エ さそり座　　**オ** みずがめ座

2 (6点×7 − 42点)

(1)	
(2)	
(3)	
(4)	
(5)	
(6)	
(7)	

(4) 南の方角の空の観察を続けたところ，2時間後にはおとめ座が見えた。これは，地球のどのような運動によって起こるものか，書きなさい。

(5) 2週間後の3月6日，しし座の1等星レグルスが真南の空にくるのは何時頃か。最も適当なものを次のア〜オから選び，記号で答えなさい。

ア 1時　**イ** 2時　**ウ** 11時

エ 22時　**オ** 23時

記述式
(6) しし座は8月や9月の夜間には，ほとんど見ることができない。その理由を書きなさい。

(7) (6)の時期によく見られる，はくちょう座，こと座，わし座にある3つの1等星を合わせて何というか，名称を書きなさい。

〔福井－改〕

1 2年の復習
第1章
第2章
第3章
第4章
第5章
総仕上げテスト

ワンポイント
太陽と同じ方向に星座があるときは，昼間に空に昇っているので，観察することができない。

3 [星座の位置の変化] 文中の①〜⑦にあてはまる言葉と数字をそれぞれ書きなさい。⑦は，漢字2字で書きなさい。

> 下の図は，黄道とその付近の星座を示したものである。それぞれの星座の下に書かれている月は，太陽がその星座の方向にあるおおよその時期を示している。ある地点で星座を観察すると，同じ時刻に見える星座の位置は，　①　から　②　へと1日に約　③　。動き，季節とともに見える星座が変わっていく。また，太陽は，黄道上を　④　から　⑤　へと移動していく。これらの星座と太陽の動きは，地球の公転による見かけの動きである。これを天体の　⑥　運動という。黄道は，地球の公転面を　⑦　上に延長したものと同じである。

3 (6点×7－42点)

①
②
③
④
⑤
⑥
⑦

ワンポイント
地球は太陽のまわりを反時計まわりに1年かけて360°回転している。

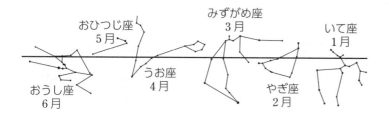

おひつじ座　5月
みずがめ座　3月
いて座　1月
うお座　4月
やぎ座　2月
おうし座　6月

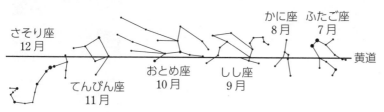

さそり座　12月
かに座　8月　ふたご座　7月
おとめ座　10月
しし座　9月
てんびん座　11月
黄道

〔福島－改〕

17 太 陽 と 月

◎──重要点をつかもう

1 太 陽

太陽は，**水素**や**ヘリウム**が大部分を占める高温の球体で，地球から約 **1 億 5000 万 km** 離れた所にある。

プロミネンス

放射層

対流層

中心部
約 1600 万 ℃

光球約 6000 ℃（目で見える所）

2 太陽のつくり

太陽の表面は**約 6000 ℃**もあり，内部ほど温度が高くなる。太陽の表面には**黒点**や**プロミネンス（紅炎）**などがある。

3 月

表面は岩石や砂からできた天体で，地球の**衛星**である。地球から**約 38 万 km** 離れた所にある。

4 月の動きと満ち欠け

月は地球のまわりを公転し，太陽と月と地球の位置関係によって，三日月・満月・下弦の月などのように**満ち欠け**をする。天球上では毎日**東**から**西**へ動いて見える。

5 日食と月食

地球は太陽のまわりを 1 年で 1 回公転し，月は地球のまわりを約 1 か月で 1 回公転しているが，太陽・地球・月が一直線上に並ぶときがある。地球・月・太陽の順に並ぶと**日食**が起こり，太陽・地球・月の順に並ぶと**月食**が起こる。

Step 1 基本問題

解答▶別冊 30 ページ

1 図解チェック⚡ 次の図の空欄に，適当な語句，数字を入れなさい。

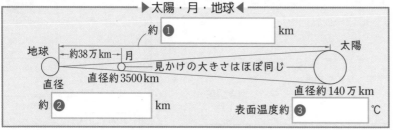

▶太陽・月・地球◀

約 ❶　　　　　km

地球　約38万km　月　　　見かけの大きさはほぼ同じ　　太陽

直径約 3500 km

直径約 140 万 km

直径　約 ❷　　　　km　　　表面温度約 ❸　　　　℃

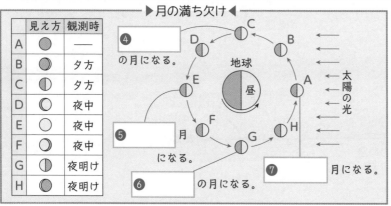

▶月の満ち欠け◀

	見え方	観測時
A		―
B		夕方
C		夕方
D		夜中
E		夜中
F		夜中
G		夜明け
H		夜明け

❹　　　　の月になる。

❺　　　　月になる。

❻　　　　の月になる。

❼　　　　月になる。

地球 昼

太陽の光

Guide

くわしく **黒点とその動き**
太陽をくわしく観察すると，まわりより少し暗い所がある。これを黒点といい，温度は周囲より低く約 4000 ℃である。この黒点は東から西へ動いて見える。このことから，太陽も自転していることがわかる。

3月11日　↑北
東　　　西
3月13日
3月15日
3月17日

2 [太陽とその観察] 次の問いに答えなさい。

(1) 次の①〜⑤の [ ] にあてはまる言葉を書きなさい。

黒点は光球の他の部分より温度が [① 　　　] ので黒く見える。また，太陽の表面を移動し，約 [② 　　　] 日で1周する。

太陽の表面にはうすい層があり，ところどころから赤い炎(ほのお)のようなものが出ている。これを [③ 　　　　　] という。さらに，この層の外側にもガスがあり，これを [④ 　　　　　] という。太陽は，水素・ヘリウムなどの [⑤ 　　　] ででき，自ら輝(かがや)いている。

記述式 (2) 天体望遠鏡で太陽を観察するとき，危険防止のための注意を簡単に書きなさい。

[　　　　　　　　　　　　]

(3) 右の図で観測用紙をのせてあるAの名称(めいしょう)を書きなさい。　　　[　　　　　]

黒い板
A
接眼レンズ　観測用紙

3 [月の満ち欠け] 太陽・月・地球の位置関係を示した図について，次の問いに答えなさい。

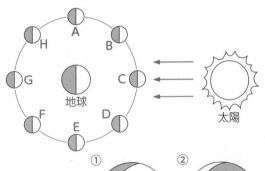
A
H　B
G　　C
地球
F　　D
E
太陽

(1) 満月と新月の位置を，それぞれ図中の記号で答えなさい。

満月 [　　　]
新月 [　　　]

(2) 月が右のように見えるときの月の位置を，それぞれ図中の記号A〜Hで答えなさい。

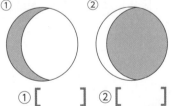
①　②

①[　　　]　②[　　　]

(3) ある日，月が右の図のような形に見えた。この月の説明として，適当なものを，次のア〜エから1つ選びなさい。　　[　　]

(上)
(下)

ア 明け方に東の空に見えた。
イ 明け方に南の空に見えた。
ウ 夕方に西の空に見えた。　　エ 夕方に南の空に見えた。

(4) 日食が起こるときの月の位置を図中の記号で答えなさい。

[　　]　〔鳥取−改〕

1・2年の復習
第1章
第2章
第3章
第4章
第5章
総仕上げテスト

ことば　プロミネンスとコロナ

プロミネンスは炎のような形で現れる高温のガスで，約1万℃である。

コロナは太陽の外側にあり，100万℃以上で，皆既日食(かいき)のときに白く輝いて見える。

くわしく　日食が毎月起こらない理由

地球の公転軌道(きどう)と月の公転軌道が約5°傾(かたむ)いているため，地球全体で年に1〜2回程度しか日食も月食も起こらない。

注意　月の運動と満ち欠け

月の自転周期と地球を回る公転周期はまったく等しい。そのため，地球からは月の全表面の約半分しか見ることができない。満ち欠けの周期は，地球が公転しているため，月の公転周期より長くなり，29.5日である。

くわしく　月面の温度

月には，大気がなく，昼と夜が約2週間ごとにくり返すため，温度の上昇や低下(じょうしょう)が著(いちじる)しい。

くわしく　月の南中

月の南中時刻は，新月→正午ごろ，満月→午前0時ごろである。15日で約12時間おそくなるので，1日あたり約50分おそくなる。

Step ②　標準問題

時間	合格点	得点
30分	70点	点

解答▶別冊30ページ

重要 **1** ［月の見え方］月の見え方について調べるため，次のⅠ，Ⅱ，Ⅲの観察や調査を行った。これについて，あとの問いに答えなさい。

1（12点×3＝36点）

(1)
(2)
(3)

Ⅰ　ある日の午後6時に，日本のある地点で月を観察した。図1はそのスケッチである。

図1

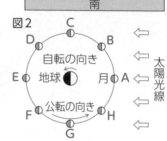

南

Ⅱ　地球の北極側から見た太陽，地球，月の位置関係をインターネットで調べた。図2は，その結果を模式的にまとめたものであり，A〜Hは約3.7日ごとの月の位置を表したものである。

図2

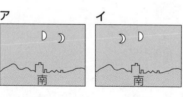

Ⅲ　Ⅰの観察から3日後の午後6時に，再び同じ場所で月の観察を行って，図1のスケッチに描^かき加えた。

(1) 月のように，惑星_{わくせい}のまわりを公転している天体を何といいますか。

(2) 図2のA〜Hのうち，Ⅰのときの地球に対する月の位置はどれか。記号で答えなさい。

(3) Ⅲで，できあがったスケッチはどれか。右の**ア**〜**エ**から選び，記号で答えなさい。　〔栃木一改〕

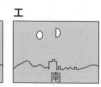

ア　イ　ウ　エ

南　南　南　南

2 ［太陽の観察］

図1の天体望遠鏡で，太陽を直接見ないように注意しながら，太陽を投影板_{とうえいばん}に

図1

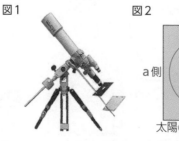

図2

記録用紙の円

a側　b側

太陽の像　記録用紙

2（10点）

うつしたところ，図2のように，投影板上にとりつけた記録用紙の円よりも太陽の像が大きくうつり，像はa側にずれていた。この太陽の像を記録用紙の円の大きさに合わせる方法として，最も適当なものはどれか。次のア〜エから選び，記号で答えなさい。

ただし，a 側は太陽の像が移動していく方向である。

ア 投影板を接眼レンズに近づけていき，望遠鏡の向きを東にずらす。

イ 投影板を接眼レンズに近づけていき，望遠鏡の向きを西にずらす。

ウ 投影板を接眼レンズから遠ざけていき，望遠鏡の向きを東にずらす。

エ 投影板を接眼レンズから遠ざけていき，望遠鏡の向きを西にずらす。

〔鹿児島－改〕

ワンポイント

投影板を焦点に近づければ像は小さくなる。
像が欠けている側に向きをずらす。

重要 3 [太陽の黒点] 太陽の黒点が黒く見えることについて，正しく述べているものはどれか。次のア～エから選び，記号で答えなさい。

ア 黒点をつくる物質は固体であり，そのまわりの物質は気体でできており，色が黒く見える。

イ 黒点はまわりよりも温度が低く，色が黒く見える。

ウ 黒点はすい星が太陽表面に衝突した跡であり，その色が黒く見える。

エ 水星や金星などが地球から見て太陽と重なるときに太陽の光をさえぎり，それが黒点として黒く見える。

〔国立高専－改〕

3 (10点)

ワンポイント

黒点は約 4000 ℃で，太陽表面を回転して動くように見える。

4 [月のようす] 次の問いに答えなさい。答えはそれぞれア～ウから選び，記号で答えなさい。

(1) 1969 年，初めて月面に着陸した宇宙船「アポロ 11 号」は，地球を出発し，平均して約 1 km/s の速さで向かった。このとき，月までおよそ何日かかったか，月までの距離を 38 万 km として計算しなさい。

ア 4 日　　イ 14 日　　ウ 40 日

(2) 地球の直径は約 12800 km，月の直径は約 3500 km である。地球を直径 10 cm の球に例えると，月の直径はおよそ何 cm になりますか。

ア 3 cm　　イ 5 cm　　ウ 7 cm

(3) (2)と同じ割合で計算すると，地球から月までの距離はおよそ何 m になりますか。

ア 1 m　　イ 3 m　　ウ 5 m

(4) 日食が起こった日に観察できる月はどれですか。

ア 満月　　イ 新月　　ウ 三日月

〔京都女子高－改〕

4 (11点×4－44点)

(1)

(2)

(3)

(4)

ワンポイント

(4)太陽－月－地球の順に一直線に並んだときに日食は起こる。

1・2年の復習
第1章
第2章
第3章
第4章
第5章
総仕上げテスト

18 惑星と恒星

重要点をつかもう

1 太陽系・惑星・衛星

①**太陽系**……太陽とその周囲を回る惑星・小惑星・衛星・すい星・太陽系外縁天体などの天体の集まり。

②**惑星**……太陽のまわりを回る比較的大きな8個の天体。

③**衛星**……惑星のまわりを回る天体。月は地球の衛星である。

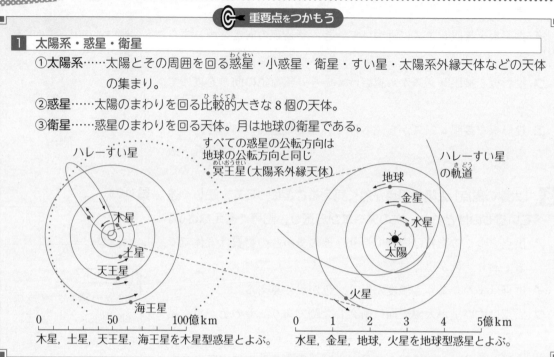

木星, 土星, 天王星, 海王星を木星型惑星とよぶ。　　水星, 金星, 地球, 火星を地球型惑星とよぶ。

Step 1 基本問題

解答▶別冊31ページ

1 図解チェック⚡ 次の図の空欄に, 適当な語句を入れなさい。

▶金星（内惑星）の見え方◀

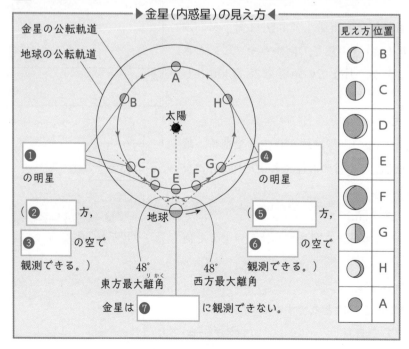

見え方	位置
◑	B
◑	C
◐	D
◯	E
◯	F
◐	G
◐	H
◯	A

金星の公転軌道
地球の公転軌道

❶　　　　　　の明星

（❷　　　　方, ❸　　　　の空で観測できる。）

48°
東方最大離角

❹　　　　　　の明星

（❺　　　　方, ❻　　　　の空で観測できる。）

48°
西方最大離角

金星は❼　　　　　　に観測できない。

Guide

注意 **内惑星と外惑星**

内惑星は地球より内側の軌道を公転する惑星。太陽から一定の角度以上離れることがないので, 日没直後または日の出直前にしか観察できない。満ち欠けをする。外惑星は, 地球より外側の軌道を公転する惑星。惑星が太陽の反対側にあるときは, 一晩中観察できる。

ことば **太陽系外縁天体**

海王星よりも外側の軌道を公転する天体で, 冥王星やエリスなどがある。

2 [惑星の見え方] 図1は，地球の北極が見える側から，太陽，金星，地球を遠くながめたときの模式図である。次の問いに答えなさい。

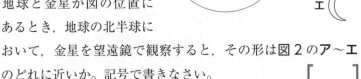

図1　図2

(1) 地球と金星が図の位置にあるとき，地球の北半球において，金星を望遠鏡で観察すると，その形は図2のア〜エのどれに近いか。記号で書きなさい。　[　　　]

(2) 地球と金星が図1の位置にあるとき，地球から金星を見ると，いつ頃どちらの空に見えるか。次のア〜エから選び，記号で書きなさい。　[　　　]

　　ア　夜明け前，東の空　　　イ　日没後，西の空

　　ウ　日没後，東の空　　　エ　夜明け前，西の空

3 [惑星の特徴] 次のア〜カについて，正しい記述を2つ選びなさい。　[　　　]

　ア　月の表面とよく似ている水星は，真夜中に見えることもある。

　イ　明けの明星，よいの明星で有名な金星は，真夜中には見えない。

　ウ　二酸化炭素などの気体でおおわれている火星は，地球に最接近したときには一晩中見える。

　エ　大赤斑で有名な木星は，明け方のわずかな時間見える。

　オ　惑星のうち，天王星は最も外側の軌道を公転している。

　カ　円盤状に見えるリング（環）をもつ土星は，太陽系の惑星の中で最も大きい。

4 [火星の見え方] 右の図は，太陽と火星の関係を地球の北極側から見たもので，図中の地球の位置に対して，火星がA〜Dの位置にあるとする。次の問いに答えなさい。

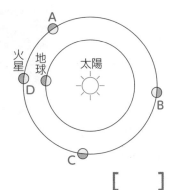

(1) 地球上から見て，火星が最も明るく見える位置はA〜Dのうちのどれですか。　[　　　]

(2) (1)で選んだ位置では，地球上からはどの時間帯に東の空に見えるか。次のア〜エから選び，記号で答えなさい。　[　　　]

　　ア　18時頃　　イ　21時頃　　ウ　0時頃　　エ　3時頃

天体望遠鏡
天体望遠鏡では，上下左右が逆になって見える。

金星の見え方
金星は太陽に近い方向に見られる。太陽に照らされている面が地球からどう見えるか考える。よいの明星は，地球から見て太陽より東側にある金星で，日没後，しばらくの間，西の空で輝く。

惑星の見え方
①水星の見え方
　水星も金星と同じ地球の内側を回る惑星で，日の出前か日の入り後のごくわずかな時間しか見ることができない。
②火星の見え方
　火星は地球の外側を地球と同じ向きに回っているので，一晩中見える。
③木星，土星の見え方
　木星も土星も地球の外側を回っている惑星で，夜中に見ることができる。

惑星の満ち欠け
火星は地球の外側を回っているので，地球からの距離が変わっても，金星のように大きく満ち欠けはしない。

1・2年の復習　第1章　第2章　第3章　第4章　第5章　総仕上げテスト

Step 2 標準問題

解答▶別冊31ページ

1 [太陽系と惑星] 次の表は，あきらさんが，太陽と太陽系の惑星についてそれらの特徴をまとめたものである。これについて，あとの問いに答えなさい。

	太陽	水星	金星	地球	火星	木星	土星	天王星	海王星
太陽からの平均距離〔億km〕	—	0.6	10.5	1.50	2.25	7.80	14.40	28.80	45.15
直径	109.13	0.38	0.95	1.00	0.53	11.21	9.45	4.01	3.88
公転周期〔年〕	—	0.24	0.62	1.00	1.88	11.86	29.46	84.02	164.77
自転周期〔日〕	25.38	58.65	243.02	1.00	1.03	0.41	0.44	0.72	0.67
平均密度	1.41	5.43	5.24	5.52	3.93	1.33	0.69	1.27	1.64

〔注：直径は，地球を1とした値である。平均密度は，天体を構成する物質1cm³あたりの質量〔g〕を示している。〕

(1) 太陽系の惑星について，その特徴を正しく述べたものはどれか。最も適当なものを次のア～エから選び，記号で答えなさい。

　ア　太陽からの平均距離が大きいほど，惑星の直径は大きい。

　イ　太陽からの平均距離が大きいほど，惑星の自転周期は大きい。

　ウ　すべての地球型惑星は，木星型惑星に比べて，直径が小さい。

　エ　すべての地球型惑星は，平均密度の値が5より大きい。

重要 (2) 次の文の①～③にあてはまる語を入れなさい。

　　地球上で，金星や水星が真夜中に観察できないのは，地球より ① 側の ② を ③ しているからである。

〔三重－改〕

■ (10点×4－40点)

(1)	
(2)	①
	②
	③

ワンポイント

木星は太陽系最大の惑星である。木星型惑星は主にガスでできており，密度は小さい。

2 [太陽系と恒星] 次の各問いに答えなさい。

(1) 右図は銀河系のようすを表している。

①太陽系の位置はア～エのうちのどれですか。

②銀河系の中には恒星の数は約何個存在すると考えられているか。次のア～オから記号で答えなさい。

←10万光年→

　ア　20万個　　　イ　2000万個　　　ウ　20億個

　エ　2000億個　　オ　20兆個

③銀河系の外にも銀河系と同じような恒星の集団が無数に見つかっている。このような恒星の集団を何といいますか。

〔千葉・東大寺学園－改〕

2 (8点×5－40点)

(1)	①
	②
	③
(2)	
(3)	

(2) 1月15日夕方6時頃, よく晴れていたので西の空に金星を観察した。この日の地球と金星の位置関係を正しく表したものを, 次の図の**ア～エ**から記号で答えなさい。

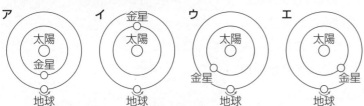

ワンポイント

夕方西の空に見えるのは, 太陽に照らされている面が地球から見える位置にあるからである。

(3) 金星は太陽のまわりを1周するのに約225日かかる。(2)の日から1年後に金星はどのように見えるか。次の**ア～キ**から選び, 記号で答えなさい。

ア 夕方西の空に見える。

イ 夕方東の空に見える。

ウ 真夜中に南の空に見える。

エ 真夜中に東の空に見える。

オ 明け方西の空に見える。

カ 明け方東の空に見える。

キ 太陽と同じ方向にあり, 観察しにくい。　　〔筑波大附高−改〕

3 [金星の位置と見え方] 北極側から見て地球, 金星, 太陽の位置関係が図のようになっている日に, 金星を観測した。これについて, 次の問いに答えなさい。

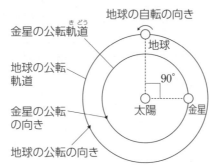

(1) 観察で, 金星はどの時間帯に, どの方位の空に見えたか。最も適当なものを次の**ア～エ**から1つ選び, 記号で答えなさい。

ア 明け方の東の空　　**イ** 夕方の東の空

ウ 明け方の西の空　　**エ** 夕方の西の空

(2) 地球, 金星, 太陽の位置関係が図のようになっている日における, 地球から見た金星の見かけの形(見え方)はどれか。最も適当なものを次の**ア～エ**から1つ選び, 記号で答えなさい。

〔千葉−改〕

3 (10点×2−20点)

(1)	
(2)	

ワンポイント

(2)太陽に面した側が明るく輝く。地球の中心から金星の公転軌道に引いた接線と軌道との交点に金星があるとき, 金星は半月状に見える。

【　　月　　日】

| | 時間 30分 | 合格点 70点 | 得点 点 |

解答▶別冊31ページ

Step 3 実力問題

1 図は，太陽・地球の位置と，地球の公転軌道（きどう），および天球上の太陽の通り道付近にある星座の位置を模式的に表したものである。また，A〜Dは，春分，夏至（げし），秋分，冬至（とうじ）のいずれかの地球の位置である。次の問いに答えなさい。

(4点×7−28点)

てんびん座　おとめ座　かに座　ふたご座　地軸　自転の向き　しし座　さそり座　A　D　おうし座　B　太陽　C　公転の向き　いて座　やぎ座　みずがめ座　おひつじ座　うお座

(1) 図のA〜Dのうち，日本における昼の長さが最も長いのはどれか。A〜Dから1つ選び，記号で答えなさい。

(2) 次の文の（①　から　　）には，東，西を順序に注意して書き入れ，また②には，あてはまる数値を整数で，③には適する語句を書き入れなさい。

　　地球が太陽のまわりを公転することにより，地球から見た太陽は，星座の星の位置を基準にすると，星座の星の間を（①　　から　　）へ移動しているように見える。太陽が星座の星の間を1日に動く角度は約（②　　）度である。この太陽の通り道を（③　　）という。

(3) 冬至の真夜中に①南中する星座と②東の空からのぼる星座の名称（めいしょう）を，それぞれ書きなさい。

(4) 星座をつくる星のように互（たが）いに位置関係を変えない星を何といいますか。

(1)		(2) ①	から	②	③
(3)	①		②	(4)	

〔徳島—改〕

2 右図は，地球の北極側から見た月と地球の位置関係を示したものである。次の問いに答えなさい。(5点×6−30点)

(1) 月が，地球のまわりを回る向きはa，bのどちらですか。

(2) 日本で見る月は，いつもうさぎが「もちつき」をしている面しか見えない理由を述べた次の文の（　）に適する語を書きなさい。

　「月が1回転するのにかかる時間と，月が（　　　）のまわりを1周するのにかかる時間が同じだからである。」

（右図ラベル）キ　カ　ク　太陽の光　オ　b　a　ア　地球　エ　イ　ウ

(3) 次の①〜④の月は図のア〜クのどれにあたるか，適切なものをすべて選び，記号で答えなさい。ただし，空は晴れて雲がなく，日中は月を観測することができないものとする。

①夜明け前の2〜3時間だけ観測することができる月。

②約6時間観測することができる月。

③日没（にちぼつ）直後，西の空に観測することができる月。　　④夜9時頃に南中する月。

(1)	(2)	(3) ①	②	③	④

〔筑波大附高—改〕

1・2年の復習

第1章

第2章

第3章

第4章

第5章

総仕上げテスト

3 右図のＡ，Ｂの部分ではどのような天体現象が
観測できるか。それぞれ，次の記号で答えなさい。

(6点×2−12点)

太陽　　　　　　　　　　　　　　Ａ
　　　　　　　　　　　　　　　　Ｂ
　　　　　　　　　　　　　　月　地球

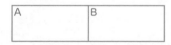

ア 部分日食　　イ 皆既日食
ウ 部分月食　　エ 皆既月食　　オ 金環日食

A	B

〔東海高〕

4 日本のある場所で太陽の動きを調べるため，図１のよう
に透明半球を水平な面の上に置き，太陽の動きを球上にサ
インペンで●印をつけて観測した。透明半球上の点Ｘ，Ｙ，
Ｚはそれぞれ秋分の日の午前９時,10時,11時の太陽の位置,
点Ｃ，Ｄは記録した印をなめらかな線で結んで透明半球の
端までのばした点である。曲線ＸＹの長さは 2.4 cm であり，曲線ＤＸの長さは 8.4 cm であった。
また，Ａ，Ｂ，Ｃ，Ｄは東，西，南，北のいずれかの方角，Ｏは透明半球のつくる円の中心である。
次の問いに答えなさい。(5点×6−30点)

図1

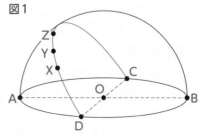

(1) ①Ａの方角，②曲線ＹＺの長さは何 cm か，答えなさい。

(2) この日の日の出の時刻は，午前何時何分ですか。

(3) この日の日の入りの時刻は，午後５時 40 分であった。曲線ＺＣの長さは何 cm ですか。

(4) 秋分の日において，北極での太陽の１日
の動きを表したものを，右の**ア〜エ**から
選び，記号で答えなさい。

ア　　　　　イ　　　　　ウ　　　　　エ

(5) 月の動きでも太陽の動きと同様に同じ記録がとれたとする。秋分の日の月が**図2**
のような月であったとすると，このときの月の動きの記録(青線)として考えられ
るものを次の**ア〜オ**から選び，記号で答えなさい。ただし，太陽が現れている間
は記録がとれないと考える。

図2

ア　　　　　　イ　　　　　　ウ　　　　　　エ　　　　　　オ

(1)	①	②	(2)	(3)	(4)	(5)

〔近畿大附高〕

19 エネルギー資源

重要点をつかもう

1 火力発電

石油，石炭，天然ガスなどの**化石燃料**を燃やして発生した熱で高温高圧の水蒸気を発生させ，この水蒸気でタービンを回して発電する。

2 水力発電

川の水をダムでせきとめて水をため，この水を落下させてタービンを回し，発電する。

3 原子力発電

ウランなどの**核燃料**が核分裂して発生した熱で高温・高圧の水蒸気を発生させ，タービンを回して発電する。

4 再生可能エネルギー

太陽光，風力，波力，水力，地熱，バイオマスなど，限りなく使い続けていけるエネルギー。

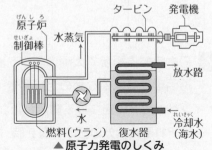

▲ 原子力発電のしくみ

Step 1 基本問題

解答▶別冊32ページ

1 図解チェック⚡ 次の図の空欄に，適当な語句を入れなさい。

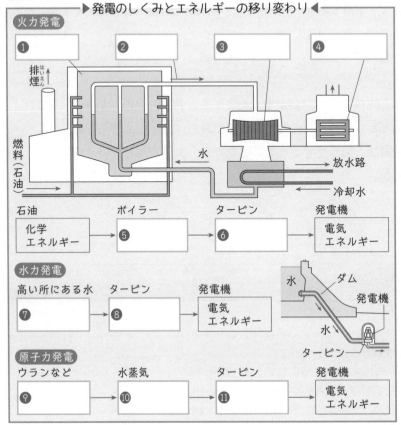

▶発電のしくみとエネルギーの移り変わり◀

火力発電

① ② ③ ④

排煙
燃料（石油）
水
放水路
冷却水

石油 → ボイラー → タービン → 発電機
化学エネルギー → ⑤ → ⑥ → 電気エネルギー

水力発電

高い所にある水 → タービン → 発電機
⑦ → ⑧ → 電気エネルギー

水　ダム
発電機
水
タービン

原子力発電

ウランなど → 水蒸気 → タービン → 発電機
⑨ → ⑩ → ⑪ → 電気エネルギー

Guide

ことば **火力発電と水力発電**
火力発電は，化石燃料がもつ化学エネルギーを利用している。
水力発電は，高い位置にあるダムの水がもつ位置エネルギーを利用している。

注意 **火力発電のしくみ**
化石燃料（石油や石炭）を燃やしたときに出る熱で水を高温・高圧の水蒸気に変えて，タービンを回転させる。燃やしたときに出る気体がタービンを回転させているのではない。

くわしく **新しい発電**
風力発電や太陽光発電，地熱発電（地下のマグマによる熱エネルギーを利用），バイオマス発電（たきぎやわら，動物の糞などの生物体をエネルギー源として利用）などがある。

2 [エネルギー資源] 次の文の[　]に適する語句を下のア～シより選び，記号で答えなさい。

石油や石炭などの[①　　　]のエネルギー資源には，埋蔵量に限りがある。

火力発電は，[①]の燃焼によって[②　　　]が発生したり[③　　　]を引き起こす物質を発生させるおそれがあり，また大気中の[②]が増えると，[④　　　]が上昇して，地球の[⑤　　　]が起こることが心配されている。そこで，[②]などの温室効果ガスの規制が行われるようになってきた。

水力発電は，[②]などの気体の発生がなく，[⑥　　　]であるが，大規模な[⑦　　]をつくる場所が少なくなったことや，[⑦]をつくることによって地域の[⑧　　]を大きく変えるなどの問題が生じ，大規模な水力発電所の建設は難しくなっている。

原子力発電では，少量の[⑨　　　]燃料から大量のエネルギーが得られ，[②]などの気体は発生しない。しかし，[⑩　　　]線がもれ出ると危険なので，安全性に十分注意しなければならない。一方[⑩]線は，[⑪　　　]治療や，農作物の[⑫　　　]改良などさまざまな分野に利用されている。

ア 二酸化炭素　**イ** 核　**ウ** 自然環境　**エ** 化石燃料
オ クリーン　**カ** 大気汚染　**キ** 品種　**ク** ダム
ケ 温暖化　**コ** 放射　**サ** 気温　**シ** がん

3 [さまざまな発電方法] 文中の[　]に適する語句を入れなさい。

私たちは，くらしの中でエネルギーをいろいろな姿に変換しながら利用している。エネルギーを変換するとき，エネルギーの総和は変化[①　　　]。

火力発電所では，燃料の[②　　　]エネルギーが電気エネルギーに変換されるが，電気エネルギーに変換されなかったエネルギーのうちの多くは[③　　　]になって逃げている。そこで，ビルなどの自家発電では，逃げていく[③]エネルギーも利用する設備（コージェネレーションシステム）が使われ始めている。〔茨城〕

4 [新しいエネルギー] 次の文の[　]に適する語句を入れなさい。

[①　　　]の光と熱，地球の運動などがうみ出すエネルギーは半永久的になくならず，[②　　　]を汚すおそれも少ない。このようなエネルギーを[③　　　　　]という。

1・2年の復習
第1章
第2章
第3章
第4章
第5章
総仕上げテスト

ことば **温室効果ガス**
二酸化炭素やメタンなど，地球から宇宙への熱の流れを妨げる性質をもつガス。

くわしく **環境にやさしいエネルギー利用**
自然を利用し，環境に負担の少ないシステムが新たにつくられている。太陽熱集熱器，太陽光発電（太陽電池），雨水利用システム，燃料電池などがある。

ことば **太陽光発電**
電卓などに用いられている太陽電池（光電池）は，主にシリコンという物質からなるn型およびp型半導体からできている。

注意 **太陽エネルギー以外を利用した発電**
水力，火力，風力発電のほかに波力発電や海洋温度差発電などもある。

くわしく **効果的なエネルギーの利用**
発電の際の排熱を利用するコージェネレーションシステムも実用化されている。

ことば **再生可能エネルギー**
太陽熱，太陽光，風力，水力，地熱，バイオマスなどから取り出す，半永久的になくならないエネルギー。

解答▶別冊33ページ

重要 **1** [発電量の変化]

右のグラフは，日本の一次エネルギーの供給量の変化を表した図である。これらの一次エネルギーを電気エネルギーに変換して利用している。これについて，次の問いに答えなさい。

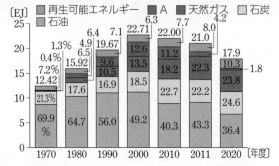

凡例：再生可能エネルギー　A　天然ガス　石炭　石油

(1) 石油，石炭，天然ガスを利用した発電方法は何とよばれるか，書きなさい。

(2) (1)の発電方法によって排出される，地球温暖化の要因にもなっている気体は何ですか。

(3) 石油，石炭，天然ガスといった燃料は，そのでき方から何とよばれるか，書きなさい。

(4) 水力発電は，水がもっているエネルギーを電気エネルギーに変換している。この水がもっているエネルギーを何というか，書きなさい。

(5) 2010年から2011年にかけてＡのエネルギーの供給量は減っている。このＡを用いた発電方法を何とよびますか。また，この発電方法では発電の過程でどのような廃棄物を生成しますか。

(6) (5)のエネルギー供給量が減少するきっかけとなった，日本で発生した災害は何か，名称を答えなさい。

1 (7点×6－42点((5)完答))

(1)

(2)

(3)

(4)

(5) 発電方法

　　 廃棄物

(6)

ワンポイント
(3) 微生物の死がいや枯れた植物などが地中で何億年という時間をかけることで生成された燃料のことである。

2 [新しいエネルギー] 太陽のエネルギーのように非常に遠い将来まで利用できるエネルギーを，再生可能エネルギーという。この再生可能エネルギーにあてはまるものを，次のア～オからすべて選び，記号で答えなさい。

ア 石油からのエネルギー

イ 風のもつエネルギー

ウ バイオマスからのエネルギー

エ ウランのうみ出すエネルギー

オ 地熱からのエネルギー

2 (16点)

ワンポイント
自然界に存在し，くり返し使用できるエネルギーを再生可能エネルギーという。

〔山形・福岡－改〕

3 [火力発電] 下の図は火力発電の過程と，エネルギーの移り変わりを表している。
次の問いに答えなさい。

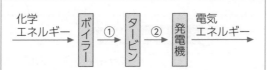

化学
エネルギー → ［ボイラー］ → ① → ［タービン］ → ② → ［発電機］ → 電気
エネルギー

(1) 図の①，②にあてはまるエネルギーとして最も適当なものを，次のア～エから1つずつ選び，それぞれ記号で答えなさい。

ア 光エネルギー　　イ 運動エネルギー
ウ 位置エネルギー　　エ 熱エネルギー

(2) 図の発電機でのエネルギーの移り変わりとは逆に，電気エネルギーを②のエネルギーに変えるものとして最も適当なものを，次のア～エから1つ選び，記号で答えなさい。

ア モーター　　イ 豆電球
ウ 太陽電池　　エ 電熱線　　　　　　　　　〔佐賀〕

(3) 火力発電と同じように，①のエネルギーでタービンを回転させることで電気エネルギーを得る発電を，次のア～オから2つ選び，記号で答えなさい。

ア 太陽光発電　　イ 地熱発電　　ウ 水力発電
エ 風力発電　　　オ 原子力発電　　　　　　　〔大 分〕

(4) 火力発電の燃料となる石油，石炭，天然ガスなどは，大昔に生きていた動植物から数百万年～数億年の長い年月を経てできたものである。これを何というか。漢字4字で答えなさい。　〔鳥 取〕

3 (3点×6－18点)

(1)	①
	②
(2)	
(3)	
(4)	

ワンポイント
(3)熱エネルギーで水を，高温・高圧の水蒸気に変えてタービンを回転させる。

4 [再生可能エネルギーを用いた発電] 近年，化石燃料を用いる火力発電に代替する，再生可能エネルギーを用いる発電が推進されている。これについて，次の問いに答えなさい。

(1) 地下深くの熱で熱くなった水を利用した発電方法を何とよぶか，答えなさい。

(2) 自然の風を利用した発電方法を風力発電という。風力発電では，風のもつ何エネルギーを電気エネルギーに変換しているか，答えなさい。

記述式✎ (3) 木くずや間伐材，家畜の糞尿などの生物資源を利用した発電方法を何とよぶか，答えなさい。また，この発電方法では発電過程で二酸化炭素を出すことがあるが，大気中の二酸化炭素増加の原因とはならない。その理由を簡潔に述べなさい。

4 (8点×3－24点((3)完答))

(1)	
(2)	
(3)	発電方法
	理由

20 科学技術と発展

重要点をつかもう

1 新素材

ファインセラミックス，吸水性高分子，炭素繊維，LED，有機 EL，形状記憶合金，液晶，導電性プラスチックなど。従来からある材料よりも，強くて機能性が高い。

2 コンピュータ

複雑な計算，情報の蓄積，伝達，機械の制御などに使われている。年々，小型化・高性能化が進む。

3 通信機器

光ファイバーを利用した光通信などの通信技術の発達で，電子メール（E メール）やインターネットでの大量・高速通信が可能になっている。

4 新たなエネルギーの開発

燃料電池や家庭用太陽電池の普及など，新しいエネルギー資源の開発。

5 資源の有効利用

リサイクルで循環型社会をつくる。ごみの再利用（ごみ発電，アルミ缶，ペットボトル）

6 環境問題

光化学スモッグ，酸性雨，オゾン層の破壊，地球温暖化など。資源を含む廃棄物の処理（都市鉱山）も対策が必要である。

Step 1 基本問題

解答▶別冊33ページ

1 図解チェック⚡ 次の図や表の空欄に，適当な語句を入れなさい。

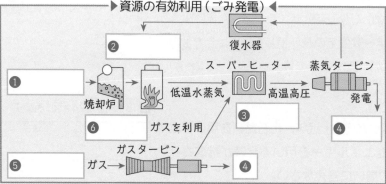

▶資源の有効利用（ごみ発電）◀

復水器　スーパーヒーター　蒸気タービン
① 焼却炉　低温水蒸気 ②　③ 高温高圧 ④ 発電
⑥ ガスを利用　ガスタービン
⑤ ガス→ ④

▶新素材◀

	新素材名	特徴・利用
⑦		高純度の土の粉末を焼いてつくった，かたくて熱に強い素材
⑧		鉄よりも強く，アルミニウムより軽い材料として，テニスラケットなどの素材
⑨		現在の電波や電気信号にかわって，光の信号で通信するための技術に用いられる素材
⑩		その質量の数十～数百倍の水分を吸収し，紙おむつなどに使用される，高分子を利用した素材
⑪		通常の温度で変形しても，加熱するともとの形にもどる素材

Guide

ごみ発電
ごみの焼却熱で発生する高温高圧の蒸気で発電する。火力・水力・原子力発電にかわる発電までにはなっていない。

身近な新素材
・高分子材料；導電性プラスチック，生分解性プラスチックなど。
・合金，チタン合金など。
・ファインセラミックスやバイオセラミックス。
・その他；炭素繊維，液晶，LED など。

光通信
ガラス繊維の中を伝達される情報量は，同じ太さの銅線ケーブルの約 1000 倍であり，また，伝送エネルギーの損失が非常に小さい。

2 [新しいエネルギー] 右の図は燃料電池
でモーターを回して動くしくみになっている
模型自動車の模式図である。次の問いに答
えなさい。

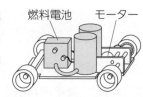
燃料電池　　モーター

記述式
(1) 燃料電池は，化石燃料を燃焼させてエネルギーをとり出す火
力発電と比べると，環境への影響が少ないといえる。その理
由を説明した次の文の[　]に適語を入れなさい。
　　燃料電池は水素と酸素だけを使用してエネルギーをとり出
すので，[　　　　　　　　　　　　]から。

(2) この燃料電池において，水素と酸素がもっているエネルギー
から，模型自動車の運動エネルギーへの移り変わりを示した
ものとして最も適当なものは，次の**ア〜エ**のうちのどれですか。
[　　　]

ア 電気エネルギー　→　化学エネルギー　→　運動エネルギー
イ 熱エネルギー　　→　化学エネルギー　→　運動エネルギー
ウ 化学エネルギー　→　電気エネルギー　→　運動エネルギー
エ 化学エネルギー　→　熱エネルギー　　→　運動エネルギー

〔岡　山〕

3 [環境問題] 次の(1)〜(5)の文は二酸化炭素（A），硫黄酸化物
（B），窒素酸化物（C），フロン（D），ダイオキシン（E）に関する
ものである。これについて，次の問いに答えなさい。

(1) ごみの焼却によって発生する毒性の強い物質は何か。A〜E
から選び，記号で答えなさい。[　　　]

(2) 上空のオゾン層の破壊が問題になっている。オゾン分子を破
壊する性質をもつガスは何か。A〜Eから選び，記号で答え
なさい。[　　　]

(3) 化石燃料の燃焼によって生じ，酸性雨の原因となり，生物な
どに悪影響をおよぼすと考えられるものはどれか。A〜Eか
らすべて選び，記号で答えなさい。[　　　]

(4) 化石燃料の燃焼によって生じ，地球温暖化の原因と考えられ
ているものはどれか。A〜Eから選び，記号で答えなさい。
[　　　]

(5) コンピュータの部品の洗浄に使われたり，冷蔵庫などの冷却
剤として使われていたものはどれか。A〜Eから選び，記号
で答えなさい。[　　　]

1・2年の復習
第1章
第2章
第3章
第4章
第5章
総仕上げテスト

ことば **燃料電池**
水素と酸素が化学変
化をするとき，水を生じるが，
そのときに，化学エネルギー
を電気エネルギーとして直接
とり出す。

くわしく **新しいエネルギー**
（発電）
資源がなくなることへの心配
や環境への悪影響が少ない発
電方法が研究開発されている。
太陽光発電，風力発電，地熱
発電，燃料電池，バイオマス
などがある。

注意 **酸性雨**
水と反応して硫黄酸
化物は硫酸に，窒素酸化物は
硝酸になる。
酸性雨は pH5.6 以下の雨をさ
し，植物を枯らせたり，湖な
どの水生生物のくらす環境を
悪化させたりする。

ことば **地球温暖化**
石炭や石油などの大
量消費による二酸化炭素の放
出量の増加，森林の大量伐採
などによる吸収量の減少が主
な原因と考えられている。

くわしく **オゾン層の破壊**
冷蔵庫の冷却剤やス
プレーの噴出剤に使用されて
いた化学物質が，オゾン分子
を破壊する。

くわしく **水の汚染**
生活排水が大量に川
や湖に流れこみ，水中の窒素
化合物が増加していく。

Step 2 標準問題

重要 **1** [科学技術] 次の文は，従来の火力発電，バイオマス発電，コージェネレーションシステムについて，発電の特徴をそれぞれまとめたものである。これを読んで，あとの問いに答えなさい。

1 (13点×5－65点((2)完答))

(1)	
(2)	I
	II
(3)	
(4)	①
	②

〔火力発電〕a石油，石炭，天然ガスなどの化学エネルギーを使って発電する。日本の総発電量に占める割合は，最も大きい。資源の枯渇や環境への影響が課題となっている。

〔バイオマス発電〕生物体をつくっている有機物などの化学エネルギーを使って発電する。b稲わらなどの植物繊維や家畜の糞尿から得られるアルコールやメタン，森林のc間伐材を利用している。

〔コージェネレーションシステム〕液化天然ガスなどの化学エネルギーを使って自家発電するとともに，そのときに発生する熱を給湯や暖房に利用するシステムである。

(1) 地下資源である下線部aをまとめて何といいますか。

(2) 表は，自然界で下線部b，cを最終的には無機物に変えるはたらきをする生物をなかま分けしたものである。表に示したI，IIの生物のなかまをそれぞれ何といいますか。

I	カビ，キノコ
II	乳酸菌，大腸菌

記述式 (3) 下線部aを利用する従来の火力発電に比べて，下線部b，cを利用するバイオマス発電にはどんな利点がありますか。

(4) 下の図は，従来の火力発電と，コージェネレーションシステムにおいて，それぞれの発電に用いた化学エネルギーがどのように移り変わっていくかを模式的に表した一例である。

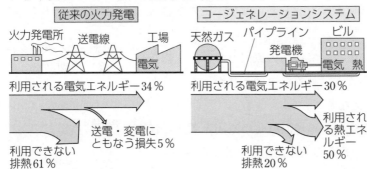

①図をもとに，従来の火力発電とコージェネレーションシステムについて，移り変わったときのエネルギーの割合を比較した。最も違いが大きいのは次の**ア〜エ**のどれか。1つ選んで記号で答えなさい。

ア　利用される電気エネルギー

イ　送電・変電にともなう損失

ウ　利用できない排熱

エ　利用される熱エネルギー

②図のコージェネレーションシステムで利用される電気エネルギーが 4500 kW のとき，このシステム全体で利用されるエネルギーは，1秒間に何 kJ になりますか。　〔秋 田〕

2 [情報・通信] 近年，情報や通信の分野では技術が飛躍的に発展した。これについて，次の問いに答えなさい。

2 (5点×4－20点)

(1)	
(2)	
(3)	
(4)	

(1) かつては主に膨大な計算を行うことに使われていたが，現在では小型化や価格の低下が起こったことから急激に普及した，電子計算機のことをカタカナで何といいますか。

(2) (1)どうしをつないでいる世界的なネットワークを何といいますか。

(3) 電話が小型化してできた携帯電話がさらに発達してできた，かつての(1)が行っていたこともできるようになったものを何とよぶか，カタカナで書きなさい。

(4) (2)を通して，世界中の人と人とのつながりを促進する SNS というサービスが生まれた。この SNS とは何の略か，カタカナで書きなさい。

3 [科学技術] 自動車について，あとの問いに答えなさい。

3 (5点×3－15点)

(1)	
(2)	
(3)	

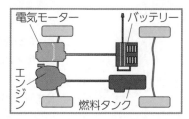

電気モーター　バッテリー　エンジン　燃料タンク

(1) 上の図のようにガソリンエンジンと電気モーターを動力源としている自動車を何とよぶか，答えなさい。

(2) (1)の自動車は，ガソリンエンジンのみを動力源としているガソリン自動車に比べて何の排出量が大幅に少なくなるか，答えなさい。

(3) ガソリンエンジンをまったく用いない自動車として，水素を燃料としたものがある。このような自動車を何とよぶか，答えなさい。

21 生物どうしのつながり

◎← 重要点をつかもう

1 食物連鎖

生物間の食べる・食べられるの関係を食物連鎖という。

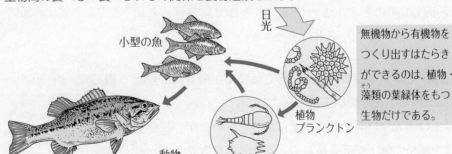

日光

小型の魚

大型の魚

動物プランクトン

植物プランクトン

無機物から有機物をつくり出すはたらきができるのは、植物・藻類の葉緑体をもつ生物だけである。

2 食物連鎖における生物のかかわり

食物連鎖の中で、生物は生産者・消費者・分解者に分けられる。

①生産者……無機物から有機物をつくり出すはたらきをする。＝光合成

②消費者……生産者のつくった有機物を、直接または間接的に消費する。＝摂食

③分解者……死がいや排出物などの有機物の分解にかかわる。分解者は消費者でもある。

Step 1 基本問題

解答▶別冊34ページ

1 図解チェック⚡ 次の図の空欄に、適当な語句を入れなさい。

▶生態ピラミッド◀

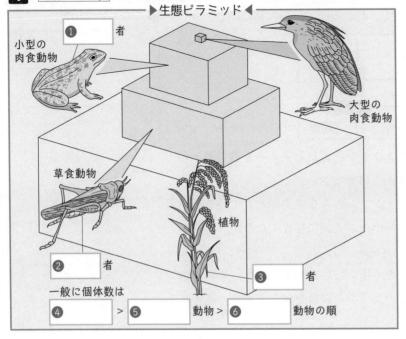

小型の肉食動物

大型の肉食動物

草食動物

植物

❶ 　　者

❷ 　　者

❸ 　　者

一般に個体数は

❹ 　　 ＞ ❺ 　　 動物 ＞ ❻ 　　 動物の順

Guide

くわしく 個体数

生産者（植物・藻類）が最も多く、草食動物、小型の肉食動物、大型の肉食動物と、食物連鎖で上位になるほど、個体数は減少する。このようすを図に示したものを生態（個体数）ピラミッドという。また個体数ではなく、生物の質量をピラミッドで表すこともある。

ことば 分解者

ダンゴムシやミミズなどの土壌動物や、カビやキノコなどの菌類、乳酸菌などの細菌類は、生物の死がいや排出物などの有機物の分解にかかわっている。

重要

記述式 ✏️

2 [生態ピラミッド] 自然界の個体数はつりあいが保たれている。

右の図は，ある地域における食べるものと食べられるものの数量的な関係について，模式的にまとめたものである。下層の生物ほど数量が多いことを示しており，つりあいが一定に保たれている状態を表している。

➡の向きは，食べられるものから食べるものに向けられている。

図中の草食動物の数量が増加すると，その影響で植物と肉食動物の数量に最初に見られる変化は，それぞれ一般にどのようになると考えられるか。簡潔に書きなさい。

[   ]

〔徳島－改〕

3 [食物連鎖] 下の図は，生物どうしのつながりにおける物質の流れを，模式的に示そうとしたものである。図中の生物Ａ，Ｂ，Ｃの間には「食べる・食べられる」の関係が見られる。これについて，あとの問いに答えなさい。

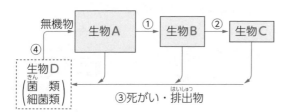

(1) 図中の生物Ａ～Ｄの中で，生産者にあたるのはどれか。記号で答えなさい。　[   ]

記述式 ✏️ (2) 図中の生物Ａ，Ｂ，Ｃの間の数量関係につりあいが保たれているとき，生物Ｂだけが何らかの原因で異常に減少すると，その後，生物ＡとＣの数はそれぞれ一時的にどのようになるか。簡単に説明しなさい。

[   ]

(3) 図中の①～④の⟶印で示した物質の流れのうち，エネルギーの流れをともなわないものはどれか。番号で答えなさい。

[   ]

記述式 ✏️ (4) 限られた地域内で，草原や森林を破壊したり，ある動物を大量に殺したりすると，食物連鎖がとぎれてしまう。このとき，自然界のつりあいはどのようになりますか。

[   ]

⚠️ **注意　食物連鎖**
実際には複雑にからみあっており，図に示すような単純なものではない。（食物網ということもある）
間接的に消費するとは，植物を食べる草食動物を食べるという意味である。

😊 **ことば　生態系**
ある地域にすむすべての生物と生物をとりまく環境のまとまりを生態系という。

⚠️ **注意　生物の増減**
食べる生物が増えると食べられる生物が減り，食べられる生物が増えると，食べる生物も増える。

🎓 **くわしく　物質の循環**
炭素や酸素は光合成や呼吸，食物連鎖などによって循環している。

😊 **ことば　生物濃縮**
生物体内で分解されない化学物質は，食物連鎖を通して，高次消費者ほど体内濃度が高くなる。

☕ **ひと休み　産卵数と食物連鎖**
食物連鎖の下位の動物は，成長過程において食べられる率が高いので，確実に子孫を残すためにたくさんの卵を産む。一方，食物連鎖の上位の大型の肉食動物の産卵（子）数は少ない。

Step ② 標準問題

解答▶別冊34ページ

1 [食物連鎖] 次の文を読み，あとの問いに答えなさい。

1 (8点×9−72点)

　右の図は，ある島の草原における生物どうしのかかわりあいと，炭素の循環を表したものである。その草原にはバッタとトカゲが多数生息しており，バッ

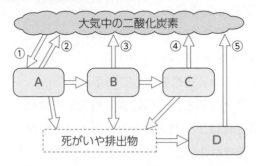

タは草原に生えているススキ・チガヤ等の植物を食べ，トカゲはバッタを食べて生きている。また，生物の死がいや排出物は土壌中の微生物によって分解されている。生物たちの間には，「食べる・食べられる」という関係がなりたっている。

(1) 下線部のような関係を何とよんでいるか。漢字で答えなさい。

(2) 図のA〜Dは生物を表している。島の草原の生物「バッタ」「トカゲ」「ススキ」は，A〜Dのどれにあてはまるか，それぞれ答えなさい。

(重要) (3) この草原に人間がペットのネコを捨てるようになった。ネコは野生化し，草原のトカゲをえさとして，その数は年々増えていった。ところが数年後，ネコがえさとしないバッタの数が激減してしまった。次の文は，その理由を考察したものである。a〜cにあてはまる語句を，**ア・イ**よりそれぞれ選び，記号で答えなさい。

> 　ネコがトカゲを食べることによって，トカゲの数が急激に a（**ア** 増加　**イ** 減少）した。そこでトカゲのえさであるバッタの数が急激に b（**ア** 増加　**イ** 減少）していった。これにより，バッタが主食とする草が c（**ア** 増加　**イ** 減少）していった。その結果，バッタは死亡または他へ移動し，数が激減してしまったと考えられる。

(4) 図の矢印①は，生物Aの何というはたらきのために使われているか。そのはたらきを答えなさい。

(5) 図の矢印②，③，④，⑤はすべての生物が行うはたらきである。そのはたらきを答えなさい。

〔沖縄−改〕

(1)	
(2)	バッタ
	トカゲ
	ススキ
(3)	a
	b
	c
(4)	
(5)	

ワンポイント

草食動物を一次消費者，肉食動物を二次・三次消費者とよぶ。一次消費者の増減は，他の段階の生物の数に影響する。

2 [土の中の生物] 次の実験について，あとの問いに答えなさい。

実験　①雑木林で落ち葉がつ　図1

もっているところの土を
落ち葉といっしょに教
室に持ち帰り，バットに
あけ，観察した。図1は，
観察できた小動物のスケッチである。図鑑で調べると，どの
小動物にも背骨がないことがわかった。

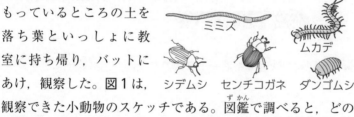
ミミズ
ムカデ
シデムシ　センチコガネ　ダンゴムシ

②雑木林の土の中から微生物をとり出すため，土100 gをビー
カーに入れ，100 cm³の水を加えてよくかき混ぜ，ろ紙でこした。

③ろ紙でこした水を2つに分け，一方の水を試験管Aに2 cm³
入れた。もう一方の水は，加熱し，十分沸騰させた後，さま
して試験管Bに2 cm³入れた。それぞれの試験　図2
管に，うすいデンプン溶液を2 cm³ずつ加えて
かき混ぜ，そ
れぞれふたを
した。

ヨウ素液

試験管	ヨウ素液の色の変化
A	変化しなかった。
B	青紫色に変化した。

A　B

④3日後，図2のように，試験管A，Bにそれぞれヨウ素液を
加え，変化を調べた。表は，その結果である。

(1) 図1の小動物のように背骨のない動物を何といいますか。

(2) 図1で，主に落ち葉やくさった植物を食べる小動物はどれか。
次のア～オから2つ選び，記号で答えなさい。

　ア ムカデ　　　　イ ミミズ　　　　ウ シデムシ

　エ センチコガネ　オ ダンゴムシ

(3) 実験③で，試験管A，Bにふたをした理由として適当なものを
次のア～エから選び，記号で答えなさい。

　ア 空気中の微生物が試験管の中に入らないようにするため。

　イ 空気中の酸素が試験管の中に入らないようにするため。

　ウ 試験管内の湿度を一定に保つため。

　エ 試験管内の水の量を一定に保つため。

(4) 実験④で，試験管Aのヨウ素液の色が変化しなかったのは，土
の中の微生物のはたらきによるものと考えられる。土の中の微
生物である菌類と細菌類は，有機物を無機物に変えている。こ
のようなはたらきをしている菌類と細菌類は，自然界では何と
よばれているか，漢字で答えなさい。

〔千葉－改〕

1・2年の復習
第1章
第2章
第3章
第4章
第5章
総仕上げテスト

2 (7点×4－28点)

(1)	
(2)	
(3)	
(4)	

┃ワンポイント┃

(2) 土の中の小動物にも，
草食性のものと肉食性
のものがいる。ムカデ
は小動物を食べる，二
次消費者である。

(4) 死がいや排出物を養分
として生活しているキ
ノコ，カビなどの菌類
と乳酸菌，大腸菌など
の細菌類は，有機物を
分解してエネルギーを
得ている。

22 自然環境と生物の関わり

◎← 重要点をつかもう

1 自然環境と人間

　人間は科学技術の発展によって便利で快適な生活を手に入れた反面，自然環境に悪影響を与えるようになった。

2 指標生物

　水質を判定する目安になる水生生物。

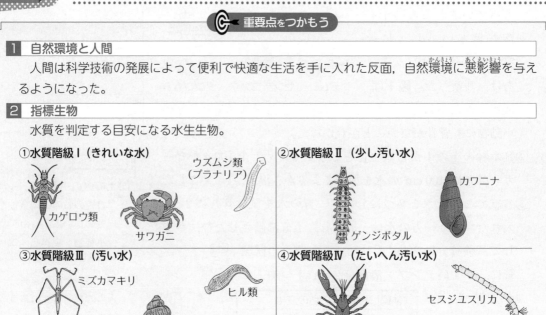

①水質階級Ⅰ（きれいな水）
カゲロウ類　サワガニ　ウズムシ類（プラナリア）

②水質階級Ⅱ（少し汚い水）
ゲンジボタル　カワニナ

③水質階級Ⅲ（汚い水）
ミズカマキリ　ヒル類　タニシ類

④水質階級Ⅳ（たいへん汚い水）
アメリカザリガニ　セスジユスリカ

Step 1 基本問題

解答▶別冊34ページ

1 図解チェック⚡ 次の図の空欄に，適当な語句を入れなさい。

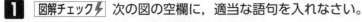
▶自然環境への影響◀

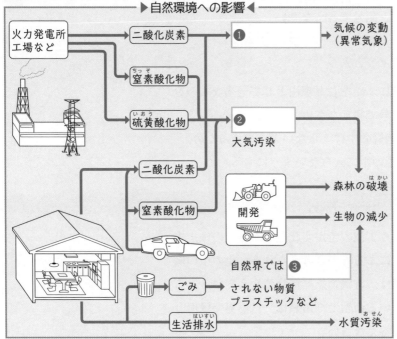

火力発電所工場など → 二酸化炭素 → ❶　　　気候の変動（異常気象）

窒素酸化物

硫黄酸化物 → ❷

大気汚染

二酸化炭素

窒素酸化物

開発 → 森林の破壊／生物の減少

自然界では ❸ されない物質 プラスチックなど

ごみ

生活排水 → 水質汚染

Guide

ことば 温室効果
　大気中の二酸化炭素や水蒸気などが，地表面から宇宙へ放射する赤外線（熱エネルギー）を吸収し，地球の気温を上昇させるはたらきをすること。

ひと休み 環境ホルモン（内分泌かく乱物質）
体内に入ってホルモンに似たはたらきをする，人間がつくり出した物質をいう。
環境ホルモンの中にはホルモン分泌のはたらきを乱すものがあり，発育異常や生殖異常を引き起こすと考えられている。

2 [大気の汚染] A〜Dの4つ
の中学校で，それぞれの校内に
生育しているマツの葉を採取し，
顕微鏡（けんびきょう）を用いて，右の図のよう
に気孔（きこう）の観察をした。このとき，

光　マツの葉
セロハンテープ
観察箇所（か）
マツの葉の拡大図
汚れていない気孔
汚れている気孔

ほぼ同じ大きさのマツをさがし，地面から高さ約 1.5 m にある葉
を採取した。その結果，観察した気孔の数と，そのうち汚れでつ
まった気孔の数は下の表1のようになった。次の問いに答えなさい。

(1) X中学校の校内で，同じ
調査を行ったところ，観
察した気孔の数は 650 で，
そのうち汚れでつまった
気孔の数は 98 であった。
このとき，X中学校の空
気の汚れの程度はA〜D
のどの中学校と同じ程度
であると考えられるか，
中学校名を書きなさい。
[　　　　　]

表1

中学校名	観察した気孔の数	汚れでつまった気孔の数
A 中学校	496	159
B 中学校	1001	30
C 中学校	401	32
D 中学校	996	150

表2

はたらき	気孔から出される物質	気孔からとり入れられる物質
光合成	①	②
呼吸	②	①
蒸散	③	

(2) 気孔が汚れでつまると，
上の表2に示すような物質の出入りがしにくくなり，植物の
はたらきに影響（えいきょう）が出る。表2の①，③にあてはまる物質名を
それぞれ書きなさい。

①[　　　　　] ③[　　　　　] 〔茨城〕

3 [自然の保護] 次の文章を読んで，あとの問いに答えなさい。

人口が増加し，人間の活動が大きくなるにつれて，森林を伐採（ばっさい）
したり，海岸を埋（う）めたてたりするなど，自然環境（かんきょう）を大きく変化さ
せてきた。その結果として，そこにすむ生物にも大きな影響をあ
たえ，生物の種類が変わったり，生物が絶滅（ぜつめつ）するという問題が生
じてきている。

(1) 国際的な協力のもとに，貴重な自然や文化財を保護するため
に結ばれた条約の通称（つうしょう）を答えなさい。 [　　　　　]

(2) 絶滅の危機にある生物の取引を監視（かんし）し，規制するために結ば
れた条約の通称を答えなさい。 [　　　　　]

1・2年の復習
第1章
第2章
第3章
第4章
第5章
総仕上げテスト

くわしく　気孔の汚れ
空気が汚れている地域ほど，マツの気孔が汚れでつまっている割合が高い。

ことば　自然浄化
有機物が流れこんで汚れた川も，分解者などのはたらきできれいにすんだ川にもどる現象を自然浄化という。

くわしく　水生生物の調査
川にすむ生物の種類を調べることによって，川の汚れぐあいがわかる。このような生物を指標生物という。

ひと休み　ワシントン条約
「絶滅のおそれのある野生動植物の国際取引に関する条約」で，1973年ワシントンで採択（さいたく）したために「ワシントン条約」という通称がある。

くわしく　レッドデータブック
国際自然保護連合が発行するもので，世界中で絶滅しそうな動植物をリストアップした"レッドリスト"を掲載（けいさい）した資料集である。

ことば　ラムサール条約
湿地（しっち）の生態系を保護するための取り決めのこと。

1 [自然と人間] しおりさんのグループは，川にすむ生物を調べることによって，川の水質を間接的に推定できることを学んだ。これについて，あとの問いに答えなさい。

1 (10点×5−50点)

(1)	①
	②
(2)	記号
	合計点
(3)	

観察 淀川（よどがわ）には，砂と泥（どろ）が堆積（たいせき）した広大な干潟や，多くの水草がしげる池のようなわんどなど多様な環境（かんきょう）がある。それぞれの環境で淀川の水質を調べるため，Ａ地点（干潟）とＢ地点（わんど）で，教科書をもとに川の水質の目安となる指標生物を調査した。下の表は，その結果をしおりさんのグループが，代表的な指標生物とともに示したものであり，○と●は採集できた生物を，●はその中で数の多かった２種類の生物を示す。

注 指標生物＝川の水質などの環境を知る手がかりとなる生物。

(1) 次の文中の[ ]から適切なものを１つ選び，記号を答えなさい。

一般（いっぱん）に生物は，酸素を①[ア 出してイ とり入れて]有機物を分解し，生活に必要なエネルギーをとり出す。川に有機物を含（ふく）んだ水が流れこむと，有機物を分解する細菌（さいきん）などのはたらきにより，水中の酸素の量は②[ウ 増加エ 減少]する。水中の酸素の量は水質の主な目安である。そこで，水質を知る目安となる指標生物には，水中の酸素の量によって影響（えいきょう）を受ける生物が選ばれている。

水質階級	指標生物	Ａ地点	Ｂ地点
Ⅰ 「きれいな水」	サワガニ		
	ウズムシ		
	ヒラタカゲロウ		
	ナガレトビケラ		
Ⅱ 「少し汚い水」	カワニナ		○
	スジエビ		●
	ヤマトシジミ	●	
	イシマキガイ	●	
Ⅲ 「汚い水」	タニシ		●
	タイコウチ		
	ニホンドロソコエビ		
	イソコツブムシ		
Ⅳ 「大変汚い水」	アメリカザリガニ		○
	セスジユスリカ		○
	エラミミズ		
	サカマキガイ		

(2) 川の水質調査では，各地点ごとに●を２点，○を１点として，水質階級ごとに点数を合計し，合計点の最も高い階級をその地点の水質階級であると判定する。この判定法に基づき，しおりさんのグループは，表よりＡ地点の水質階級はⅡで，「少し汚（きたな）い水」であると判定した。Ｂ地点について，それぞれの水質階級ごとの合計点を計算して水質階級を判定し，Ⅰ～Ⅳの記号と，判定した階級における合計点を書きなさい。

(3) Ｂ地点で採集されたタニシは草食性，アメリカザリガニは肉食性である。一般に，食べる・食べられるのつながりにおいて，草食動物の個体数Ｘと肉食動物の個体数Ｙでは，どちらが多いか。ＸまたはＹで答えなさい。

〔大阪−改〕

2 [自然と人間] 自然界のつりあいに関する具体的な研究について，図書館やインターネットなどで調べた。

次のメモは，人の手が加わったことで自然界のつりあいがくずれた例をまとめたものの一部である。メモの内容について，あとの問いに答えなさい。

〔人の手が加わったことで自然界のつりあいがくずれた例〕

アメリカのカイバブ高原では，1900年代の初めから，草食動物であるシカを保護する目的で，肉食動物のオオカミ，コヨーテ，ピューマ

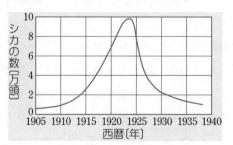

をとらえ続けた。その結果，グラフのようにシカの数が変化した。

自然界では，植物や動物は，食べる・食べられるの関係によりつながっていて，つりあいが保たれる。しかし，肉食動物を人がとらえ続けたことで，一時的にシカの数は増えたが，1923年ごろからシカの数が減り始めた。シカの数が減った理由は，シカの数が増えたことにより□□□□□，死ぬシカが多くなったからだと考えられる。

(1) 下線部の，食べる・食べられるの関係によるつながりを何というか，答えなさい。

記述式 (2) □□□□□にあてはまることばを，下線部をふまえて，簡潔に答えなさい。　　　　　　　　　　　　　　　　　〔山 形〕

3 [エネルギー資源] エネルギー資源とその影響について，次の問いに答えなさい。

(1) 石油・石炭・天然ガスなどのようなエネルギー資源を何といいますか。

(2) (1)のエネルギー資源の大量使用により，環境への影響が深刻になってきているものとして考えられるものを，次の**ア**〜**オ**から2つ選び，記号で答えなさい。

ア プレートが活動し，地殻変動が頻繁に起こる。

イ オゾン層が破壊され，紫外線が強くなる。

ウ 温室効果ガスを放出し，気温が上昇する。

エ 放射性廃棄物が生じる。

オ 酸性雨によって，樹木が枯れる。

2 (10点×2−20点)

(1)

(2)

ワンポイント
一次消費者の増減は，生産者の数に影響される。

3 (10点×3−30点)

(1)

(2)

ワンポイント
石油・石炭・天然ガスなどが燃焼すると，多量の二酸化炭素が発生する。

1・2年の復習
第1章
第2章
第3章
第4章
第5章
総仕上げテスト

Step ③ 実力問題

👑 **1** 次の文を読んで，あとの問いに答えなさい。(5点×6−30点)

　人間は，物質やエネルギーなどの資源を利用し，科学技術を進歩させて便利で豊かな生活を手にしてきた一方a生物の環境に悪影響をおよぼしてきた。今後は，環境保全につながる科学技術の研究やb環境への影響が少ない再生可能なエネルギー資源の開発を進めながら，「　c　な社会」をつくることが重要である。

(1) 下線部aに関して，次の①，②の問いに答えなさい。

　①産業革命以降，人類は大量の化石燃料を消費してきた。そのことが原因の1つで，気温上昇という現象が起こっている。この現象を漢字5字で答えなさい。　〔茨城〕

　②次のア〜オから温室効果ガスをすべて選び，記号で答えなさい。

　　ア 水素　　イ メタン　　ウ 硫化水素　　エ アンモニア　　オ 二酸化炭素　〔和歌山〕

(2) 下線部bに関して，次の①〜③の問いに答えなさい。

　①作物などから微生物を使って発生させたアルコールやメタンを利用した発電がある。この発電を何といいますか。　〔福島〕

　②太陽からの放射エネルギーをエネルギー源とする発電方法として誤っているものを，次のア〜エから1つ選び，記号で答えなさい。

　　ア 風力発電　　イ 地熱発電　　ウ 水力発電　　エ 太陽光発電　〔東海高〕

　③再生可能なエネルギー資源は（　　　）にあり，一度使用しても，再び同じ形で利用できる資源である。（　）に適する語句を書きなさい。

(3) 上の文の「　c　な社会」は，今の生活を維持しながら，豊かな自然，限りある資源を次の世代に引きついでいこうとするものである。　c　にあてはまる言葉は何か，漢字4字で答えなさい。　〔福島〕

(1)	①	②	(2)	①	②	③
(3)						

2 気体Xが関係する物質の循環を簡単な図で表した。図と下の文を読み，あとの問いに答えなさい。(8点×5−40点)

　植物の光合成によって無機物から合成された有機物は，植物から動物へと食物連鎖を通じて移動し，最終的には菌類や細菌類によって無機物にまで分解される。そして，

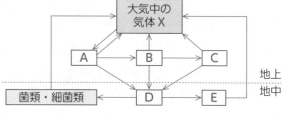

分解された無機物は，再び植物によって吸収される。また，生物のからだにとりこまれた有機物の一部は，エネルギー源として分解され，無機物となる。

1・2年の復習

第1章

第2章

第3章

第4章

第5章

総仕上げテスト

図中のA～Eにあてはまる語句として，最も適切なものを次のア～オから1つずつ選び，記号で答えなさい。

ア 肉食動物　　　　**イ** 草食動物　　**ウ** 植物

エ 死がい・排出物　**オ** 化石燃料

A	B	C	D	E

〔筑波大附高－改〕

3 次の文中の□□□に入る最も適当な言葉を書きなさい。(10点)

　大気中の二酸化炭素の濃度の増加が地球温暖化の原因の1つとして考えられている。大気中の二酸化炭素には，地球から宇宙空間へ放出される熱の流れを妨げ，大気や地表をあたためるはたらきがある。このようなはたらきを□□□といい，このようなはたらきをもつ二酸化炭素などの気体を□□□ガスという。

〔三重－改〕

4 花子さんは，ある地域の草原に生息する，植物，草食動物，肉食動物がつりあいのとれた状態にあるときの数量的な関係を，図1のように模式的に表した。これについて，次の問いに答えなさい。

(10点×2－20点)

(1) 草食動物の数量が，何らかの理由で図2のように増加したのち，図1の状態にもどるまでには，一般的に次のa～cに示す変化がある順序で起こる。a～cを，変化が起こる順に並べるとどうなるか。ア～エのうち，適当なものを1つ選び，記号で答えなさい。

　a 草食動物が減少する。

　b 植物は増加し，肉食動物は減少する。

　c 植物は減少し，肉食動物は増加する。

ア b→a→c　　**イ** b→c→a　　**ウ** c→a→b　　**エ** c→b→a

(2) 次のア～エのうち，自然界における物質の循環について述べたものとして，最も適当なものを1つ選び，記号で答えなさい。

ア 生物は，呼吸によって無機物を二酸化炭素と水に分解する。

イ 生産者である植物は，光エネルギーを利用して，有機物から無機物をつくる。

ウ 消費者である動物は，無機物から有機物をつくる。

エ 分解者である菌類や細菌類などは，有機物を無機物に分解する。

(1)	(2)

〔愛媛－改〕

解答▶別冊35ページ

1 図1の回路について，あとの問いに答えなさい。(3点×4－12点)

2本の電熱線P，Qを用意し，次の①〜④の方法で図1の回路のx，y間に接続した。

①電熱線Pだけを接続　　②電熱線Qだけを接続

③電熱線PとQを並列に接続　　④電熱線PとQを直列に接続

図1

また，図2は①〜④それぞれの場合について，電源の電圧を変えながらx，y間の電圧と，回路を流れる電流との関係を調べ，その結果をグラフに表したものである。

図2

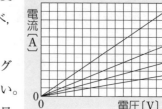

(1) 図2のcのグラフが，①の場合の結果であった。a，b，dのグラフは，②〜④のどの場合の結果か，それぞれ番号を書きなさい。

(2) 図2の中で，x，y間の電圧が等しいとき，消費する電力が最も大きいのは，どの場合か。a〜dから1つ選びなさい。

(1)	a	b	d	(2)

〔山 梨〕

2 地震に関するあとの問いに答えなさい。(9点)

右の表は，ある地震の記録の一部であり，図は，表のA〜Dの地点のいずれかの地震計の記録で，図の時間は，aのゆれが始まった時刻を0秒と表している。

観測地点	aのゆれが始まった時刻	bのゆれが始まった時刻	震源からの距離
A	10時20分10秒	10時20分16秒	50 km
B	10時20分16秒	10時20分27秒	80 km
C	10時20分24秒	10時20分40秒	120 km
D	10時20分30秒	10時20分50秒	150 km

(1) 図のゆれを記録した地点として適切なものを，表のA〜Dから1つ選びなさい。(2点)

(2) 表をもとに，aのゆれが始まった時刻と震源からの距離との関係は●印，bのゆれが始まった時刻と震源からの距離との関係は×印を使って下のグラフに描き入れ，線を引いてグラフを完成しなさい。(3点)

(3) 震源から100 km離れた地点で，a，bのゆれが始まった時刻の差として適切なものを，次のア〜エから選びなさい。(2点)

ア 8秒　　**イ** 13秒　　**ウ** 18秒　　**エ** 23秒

(4) この地震の発生時刻を，次のア〜エから選びなさい。(2点)

ア 10時19分45秒　　**イ** 10時19分55秒

ウ 10時20分0秒　　**エ** 10時20分5秒

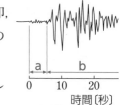

(1)	(2)（図に記入）	(3)	(4)

〔兵庫－改〕

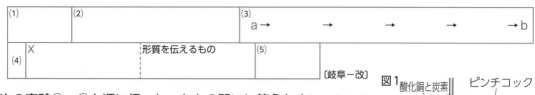

❸ 図1の発芽したソラマメの根を用いて適切に処理し，細胞分裂（さいぼうぶんれつ）を観察した。図2は，そのときに見られた細胞をスケッチしたものである。次の問いに答えなさい。(13点)

(1) 細胞分裂を観察するのに最も適する部分は図1の**ア**～**ウ**のどこですか。(2点)

(2) 正確に観察するために，使った染色液（せんしょくえき）の名称（めいしょう）を答えなさい。(2点)

(3) 図2のa～fは，細胞分裂の過程で見られる異なった段階の細胞を示している。aを始まりとして，bが最後になるようにc～fを細胞分裂の順に並べかえなさい。(3点)

(4) 図2の細胞の中に見られるXを何といいますか。また，Xは親から子に形質を伝えるものを含（ふく）んでいる。これを何といいますか。(2点×2)

(5) 細胞分裂が終了したとき，Xの数は分裂前と分裂後で，細胞1個について比べるとどうなるか。次の**ア**～**エ**から1つ選びなさい。(2点)

ア 分裂後は，分裂前の半分の数になる。　　**イ** 分裂後は，分裂前と同じ数になる。

ウ 分裂後は，分裂前の2倍の数になる。　　**エ** 分裂後は，分裂前の4倍の数になる。

(1)		(2)		(3) a →		→		→		→ b
(4)	X		形質を伝えるもの			(5)				

〔岐阜－改〕

❹ 次の実験①～③を順に行った。あとの問いに答えなさい。(12点)

①質量8.0gの酸化銅と質量0.15gの炭素をよく混ぜ，試験管Aに入れ，図1のように加熱したところ，ある気体Xが発生し，試験管B内の石灰水（せっかいすい）は白く濁（にご）り，試験管A内に銅ができた。

②気体Xが発生しなくなってから冷やして，試験管A内に残った固体の質量をはかったところ7.6gであった。

③酸化銅の質量は8.0gのままで，炭素の質量を0.30～0.90gに変えて，**実験**①，②と同様の実験をくり返し行った。**図2**はこれらの結果をグラフに表したものである。

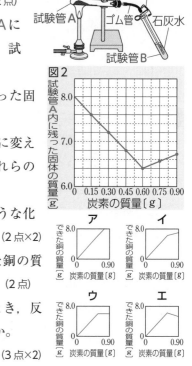

(1) **実験**①では，酸化銅から酸素が奪（うば）われて銅ができた。このような化学変化を何というか。また，気体Xの化学式を書きなさい。(2点×2)

(2) これらの実験における，炭素の質量と試験管A内にできた銅の質量との関係を表したグラフを，右の**ア**～**エ**から選びなさい。(2点)

(3) 6.0gの酸化銅と0.15gの炭素を用いて同様の実験を行うとき，反応せずに残る酸化銅と発生する気体Xはそれぞれ何gですか。

(3点×2)

(1)		化学式		(2)		(3)	酸化銅		気体X	

〔栃木－改〕

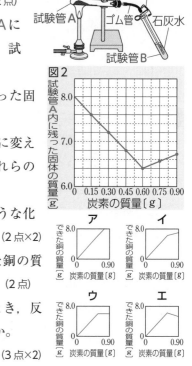

❺ 次の問いに答えなさい。(2点×8－16点)

(1) 発達しつつある積乱雲の下の空気の流れを表した図として最も適切なものを右の**ア～エ**から1つ選びなさい。

(2) 地震(じしん)の規模を表す記号 M の読み方を書きなさい。

(3) 植物の根から吸い上げられた水の大部分は，水蒸気となって気孔(きこう)から空気中に出て行く。このような現象を何といいますか。

(4) 脊椎(せきつい)動物の中で，子のときと成長したときとで呼吸のしかたが変化するなかまを，次の**ア～オ**から1つ選び，記号で答えなさい。

ア 魚類　　**イ** 両生類　　**ウ** ハ虫類　　**エ** 鳥類　　**オ** ホ乳類

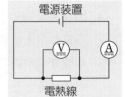

(5) ある無色透明(とうめい)の水溶液(すいようえき)に緑色のBTB液を加えたところ，液は黄色に変化した。この水溶液は何性ですか。

(6) 右の図のような回路をつくり，電流を流したところ，電流計は0.5 A，電圧計は2 Vを示した。このときの電熱線の抵抗(ていこう)を求めなさい。

(7) 次の文中の①，②にあてはまる最も適切なものを，次の**ア～カ**から1つずつ選びなさい。

　　地熱発電では，地下のマグマがもつ　①　エネルギーを利用して得た水蒸気で，発電機のタービンを回転させる。そしてタービンの　②　エネルギーを電気エネルギーに変えることによって発電している。

ア 電気　　**イ** 光　　**ウ** 位置　　**エ** 化学　　**オ** 運動　　**カ** 熱

(1)	(2)			(3)	(4)	(5)
(6)		(7) ①	②			

〔埼　玉〕

❻ うすい塩酸の中に亜鉛板(あえんばん)(－極)と銅板(＋極)を組み合わせて電池をつくった。図はこの電池を説明したモデルである。これについて，次の問いに答えなさい。(3点×2－6点)

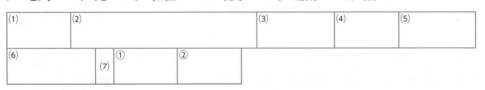

	電流の向き	電子の流れる向き
ア	右	右
イ	右	左
ウ	左	右
エ	左	左

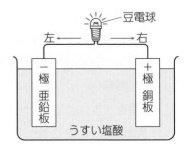

(1) 図の豆電球の導線を流れる電流の向きと，電子の流れる向きは図中の矢印「右」「左」のどちらか，その組み合わせとして最も適当なものを，表の**ア～エ**から1つ選びなさい。

(2) 銅板(＋極)の表面で起こる変化として最も適当なものを，次の**ア～エ**から1つ選びなさい。

ア $Cu \longrightarrow Cu^{2+} + 2e^-$　　**イ** $Zn \longrightarrow Zn^{2+} + 2e^-$

ウ $Cu^{2+} + 2e^- \longrightarrow Cu$　　**エ** $2H^+ + 2e^- \longrightarrow H_2$

(1)	(2)

〔島　根〕

❼ ヒトが刺激を受けとってから反応するまでのしくみに関する次の実験について，あとの問いに答えなさい。(3点×3－9点)

図1

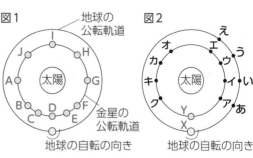

実験 図1に示すように，a，b 2人が1組になり，a は30 cmのものさしを支え，b はものさしの0の目盛りにふれないように指を添え，ものさしを見る。次にaが指をはなし，ものさしが落ちるのを見たら，b はすぐにものさしをつかむ。この操作を行った結果，ものさしをつかんだ位置は，0の目盛りから16 cmのところであった。

(1) この実験における刺激の種類を答えなさい。

(2) 図2は，ものさしが落ちた距離とものさしが落ちるのに要する時間の関係を表したグラフである。この実験において，刺激を受けとってから反応するまでにかかった時間を，図2のグラフから求めなさい。

図2のグラフ：縦軸「ものさしが落ちるのに要する時間〔s〕」0〜0.3、横軸「ものさしが落ちた距離〔cm〕」0〜30

(3) この実験において，b が刺激を受けたときの，刺激や命令の伝わる経路として適切なものを，次の**ア〜エ**から選び，記号で答えなさい。

ア 感覚器官→感覚神経→脳→脊髄→運動神経→運動器官

イ 感覚神経→感覚器官→脊髄→脳→運動器官→運動神経

ウ 感覚神経→感覚器官→脳→脊髄→運動神経→運動器官

エ 感覚器官→感覚神経→脊髄→脳→運動神経→運動器官

(1)	(2)	(3)

〔広島大附高・兵庫一改〕

❽ 図は地球，太陽，金星の位置関係を模式的に表したものである。次の問いに答えなさい。(9点)

(1) 夕方，金星が半月形に見えた。金星の位置は，図1のA〜Jのうちどれと考えられるか，1つ選びなさい。(2点)

(2) 地球の公転周期を1年としたとき，金星の公転周期は0.62年である。図2において，地球はXに，金星はYに位置する。3か月後の地球の位置を**あ〜え**から，金星の位置を**ア〜ク**から，それぞれ1つずつ選びなさい。(2点×2)

(3) 次の文は金星についてまとめたものの一部である。(　)に適する文を入れなさい。(3点)

　　ある時期は日の入り後に西の空に見え，別の時期には日の出前に東の空に見え，つねに太陽の見える方向に近く，真夜中には観察できない。これは金星が(　　　　)からである。

(1)		(2)	地球	金星	(3)

〔大阪一改〕

119

9 次の実験について，あとの問いに答えなさい。(14点)

実験 物体の運動と物体のもっているエネルギーを調べるため，レール，小球，木片，速さ測定器を用いて，次のⅠ～Ⅲの実験を行った。ただし，小球の運動に関わる摩擦や空気の抵抗はないものとし，小球がもつエネルギーはすべて木片に伝わるものとする。

Ⅰ　図1のような装置をつくり，斜面上のAの位置からBの位置まで小球をころがした。図2はCB間の小球の運動を，ストロボスコープを用いて発光間隔0.1秒で撮影した写真の模式図である。

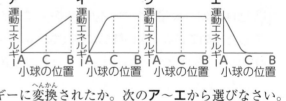

図1

図2

Ⅱ　Ⅰと同じ装置（図1）を用いて，いろいろな高さから質量10ｇ，20ｇ，30ｇの小球をそれぞれころがし，速さ測定器を用いて，小球の高さと小球の速さの関係を調べた。上の表はその結果をまとめたものである。

高さ〔cm〕	質量10ｇの小球				質量20ｇの小球				質量30ｇの小球			
	10	20	30	40	10	20	30	40	10	20	30	40
速さ〔m/s〕	1.40	1.98	2.42	2.80	1.40	1.98	2.42	2.80	1.40	1.98	2.42	2.80

Ⅲ　Ⅰと同じ装置（図1）で，Cの位置に木片を置き，いろいろな高さから質量10ｇ，20ｇ，30ｇの小球を木片にあて，小球の高さと木片の移動距離との関係を調べた。図3は，その結果をグラフに表したものである。

図3

(1) Ⅰについて，次の①～③の問いに答えなさい。(2点×3)

①図2のような小球の運動を何というか。名称を答えなさい。

②CB間の小球の速さは何m/sか，小数第2位を四捨五入し，小数第1位まで求めなさい。

③AB間を運動する小球がもっている運動エネルギーについて，模式的に表しているグラフを，右のア～エより最も適当なものを選びなさい。

ア　イ　ウ　エ
運動エネルギー（縦軸）／小球の位置（横軸）A C B

(2) Ⅲについて，次の問いに答えなさい。

①小球が木片にあたり，木片が移動を始めたときにもっていた運動エネルギーは，木片がとまるまでの間，何エネルギーに変換されたか。次のア～エから選びなさい。

(2点)

ア 位置エネルギー　　**イ** 化学エネルギー　　**ウ** 電気エネルギー　　**エ** 熱エネルギー

②質量25ｇの小球をころがし，木片にあてたとき，木片の移動距離を10cmにするには，何cmの高さから小球をころがせばよいか，求めなさい。(3点)

(3) ⅡとⅢについて，質量30ｇの小球が2.8m/sの速さで木片にあたったときの木片の移動距離は，質量10ｇの小球が1.4m/sの速さで木片にあたったときの木片の移動距離の何倍になるか。(3点)

(1)	①		②		③		(2)	①		②		③

〔三重一改〕

標準問題集
中3 理科
解 答 編

1・2年の復習

1　身近な物理現象，電流とその利用

解答　　　　　　　　　　　　　　　　　p.2 〜 p.3

1 ① (光の)屈折　② c, i　③ e, k
　④ (光の)反射の法則　⑤ 全反射　⑥ 焦点
　⑦ 焦点距離　⑧ 直進する。　⑨ 虚像(正立虚像)
2 ⑩ 振動数　⑪ ア　⑫ 125 Hz
3 ⑬ 垂直抗力　⑭ 摩擦力　⑮ 11 cm
　⑯ フックの法則
4 ⑰ B　⑱ ＝　⑲ ＝
　⑳ 0.6 A　㉑ 2.5 A　㉒ 2.4 Ω　㉓ 電力
　㉔ 0.4 A
5 ㉕ ア　㉖ イ　㉗ エ　㉘ 電磁誘導

解説

1 ②, ③ 入射角，反射角，屈折角は，境界面に引いた垂線となす角で表す。
　・空気 $\xrightarrow{入射}$ 水・ガラス…入射角＞屈折角
　・水・ガラス $\xrightarrow{入射}$ 空気…入射角＜屈折角

⑤ 水・ガラスから空気中へと進むとき，入射角よりも屈折角のほうが大きくなるので，入射角が90°になるより先に屈折角が90°になり，屈折光がなくなる。

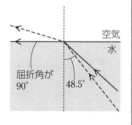

屈折角が90°
48.5°
空気
水

2 ⑪ 問題の図の**ア**が振幅である。問題の図の**エ**は波長であり，1振動の長さを表す。

ア
エ

⑫ 図の**エ**より，波長は
　$0.001 \times 8 = 0.008$〔秒〕
である。1回振動するのに 0.008 秒かかることから，1秒間には
　$\dfrac{1}{0.008} = 125$〔回〕振動する。
よって，振動数は 125〔Hz〕となる。

3 ⑬, ⑭ 力はつねに"何から何にどんな力がはたらいているか"を確かめることが大切である。

---

⑮ 0.3 N のおもりで 2 cm 伸びることより，0.6 N のおもりでは 4 cm 伸びる。よって，15−4＝11〔cm〕

⑯ ばねが物体に加える力は，ばねが伸びても，縮んでも同じ長さなら同じ大きさになる。

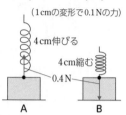

(1cmの変形で0.1Nの力)
4cm伸びる
4cm縮む
0.4 N
A　B

　フックの法則
　　$F〔N〕 = kx〔cm〕$
　k：ばねを 1 cm 伸ばす(縮める)のに必要な力(ばね定数)
　右上図でのばね定数を，0.1 N/cm とすると，
　　A：$F = 0.1$ N/cm $\times 4$ cm $= 0.4$ N(上向き)
　　B：$F = 0.1$ N/cm $\times 4$ cm $= 0.4$ N(下向き)

⚠ ここに注意

　ばねは，伸びても，縮んでも，伸び・縮みの長さが同じなら，同じ大きさの力を物体に与える。

4 ⑳ 回路全体の抵抗の大きさは，
　　$6 + 4 = 10$〔Ω〕
　よって，回路に流れる電流の大きさは，
　　$6 \div 10 = 0.6$〔A〕

㉑ a に流れる I_1 は，$6 \div 6 = 1.0$〔A〕
　b に流れる I_2 は，$6 \div 4 = 1.5$〔A〕
　よって，$1.0 + 1.5 = 2.5$〔A〕

㉒ 回路全体の抵抗(合成抵抗)を求めるには，抵抗を1つにまとめ，回路全体を流れる電流がわかれば，オームの法則によって求めることができる。(右図のように回路を置きかえる。)

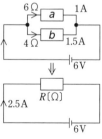

6 Ω　a　1A
4 Ω　b　1.5A
6 V
R〔Ω〕
2.5A
6 V

　　$R〔Ω〕 = \dfrac{6\,\text{V}}{2.5\,\text{A}} = 2.4$ Ω
　もちろん，公式で，
　　$\dfrac{1}{R} = \dfrac{1}{4} + \dfrac{1}{6} = \dfrac{3+2}{12}$
　　$R = \dfrac{12}{5} = 2.4$〔Ω〕　と求めることもできる。

㉓, ㉔ 電力 P〔W〕は，
　オームの法則　$V〔V〕 = I〔A〕R〔Ω〕$ より，

$$P[\mathrm{W}]=I[\mathrm{A}]\,V[\mathrm{V}]=I^2R=\frac{V^2}{R}$$

と求めることができる。よって，100 V の電圧を
かけると，40÷100＝0.4〔A〕の電流が流れる。

⑤ ㉕，㉖ 直線電流とコイルの電流がつくる磁界・磁
力線は次のようになる。

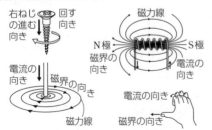

また，コイルにできる磁界を強くするには次の操
作を行う。

・電流を大きくする。
・コイルの巻き数を多くする。
・コイルに鉄芯を入れる。

㉗ 磁石のつくる磁界と電流
のつくる磁界が強めあ
うほうから弱めあうほう
に，電流には力がはたら
く。磁界と電流と力は互
いに垂直になっている。

下の図のようなフレミングの左手の法則を用い
ると，それぞれの向きがわかる。

また，下の図のようなモーターでは，磁界の
強めあいにより電流に力がはたらくことで動い
ている。

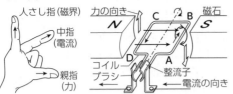

㉘ コイル内の磁界が変化すると，その変化をさま
たげる磁界ができるように誘導電流が流れる。

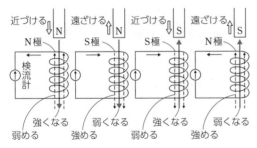

実力問題

解答　　　　　　　　　　　　　　　　p.4 〜 p.5

❶ (1) 実像
(2) 右図
(3)① 4 cm
② 12 cm
(4) 左側へ
2 cm 移動

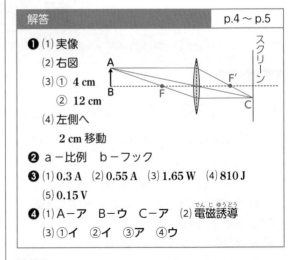

❷ a －比例　b －フック

❸ (1) 0.3 A　(2) 0.55 A　(3) 1.65 W　(4) 810 J
(5) 0.15 V

❹ (1) A －ア　B －ウ　C －ア　(2) 電磁誘導
(3)① イ　② イ　③ ア　④ ウ

解説

❶ (1) 実像は，スクリーンにうつすことができ，上下
左右が逆になっている。また，矢印 AB が焦点
と凸レンズの間に置かれたときは正立の虚像が
できる。

(2) まず，A から凸レンズの中心を通ってスクリー
ンへ直進させ，C 点とする。A から光軸(凸レン
ズの軸)に平行な光線は，レンズで屈折したあと
C 点へ進む。この光線が光軸と交わる点が焦点
F′ である。凸レンズ通過後に光軸に平行に進む
光線は，矢印側の焦点を通過する。そのため，
レンズと矢印の A をつなぎ，光軸と交わった点
が焦点 F である。

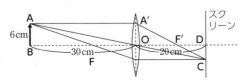

(3)① △ ABO ∽△ CDO なので，
AB：BO＝CD：DO
6：30＝CD：20　CD＝4〔cm〕
② △ A′OF′ ∽△ CDF′ なので，
A′O：OF′＝CD：DF′
OF′＝x(焦点距離)とすると，DF′＝20－x
6：x＝4：(20－x)　10 x＝120
x＝12 cm

(4) 凸レンズを左へ 6 cm 移動させると，矢印 AB と
凸レンズの距離は 24 cm となり，この位置は焦点
距離 12 cm の 2 倍の位置である。したがって，実
像も凸レンズから焦点距離の 2 倍の位置にでき

るので，スクリーンを左側へ2cm移動させれば，
凸レンズとスクリーン間は24cmの距離になる。

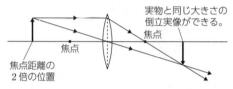

実物と同じ大きさの
倒立実像ができる。
焦点
焦点
焦点距離の
2倍の位置

❷ ばねの伸びはばねにはたらく力に比例する。この法
則をフックの法則という。

❸ (1) オームの法則より，$3.0\,V \div 10\,Ω = 0.3\,A$
(2) 並列回路なので，それぞれの抵抗を流れる電流
の和である。　$0.3\,A + 3.0\,V \div 12\,Ω = 0.55\,A$
(3) 右図のように，抵抗も1
つにまとめて考える。
$P = IV$ より
$P = 0.55\,A \times 3.0\,V$
$\quad = 1.65\,W$

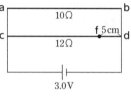

0.55A
3.0V

(4) 発熱量 $Q\,[J] = IVt\,[s] = \dfrac{V^2}{R} \times t\,[s] = \dfrac{3.0^2}{10} \times 15 \times 60$
$\quad = 810\,[J]$

(5) cd間は均質の電熱
線なので，抵抗の
大きさは長さに比
例し，100cmで12
Ωだから，df間
5cmの抵抗の大きさは，df間の抵抗を$x\,[Ω]$と
すると，
$100 : 12 = 5 : x$
$\quad x = 0.6\,[Ω]$

a   10Ω   b
c   12Ω   f 5cm   d
3.0V

cd間を流れる電流は，0.25Aで，df間の電圧は，
$0.25\,A \times 0.6\,Ω = 0.15\,V$
bとdの間には抵抗はないので，bf間の電圧も
同じ，0.15Vとなる。

別解 cf間の抵抗とdf間の抵抗との直列つなぎなの
で，電圧は抵抗比に分けられるから，
cf間の電圧は，$\dfrac{95}{100} \times 3.0 = 2.85\,[V]$
df間の電圧＝0.15V
したがって，bd間に抵抗がないので，bf間の電
圧も0.15Vとなる。
（下線部を使いこなせば簡単
に求められる。）

❹ (1) 電流の流れ，磁界のよう
すは右図のようになる。
磁針のN極は磁力線の向
きをさす。

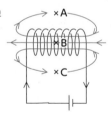

×A
×B
×C

(2) N極を近づけたコイルの側にN極ができるよう
に誘導電流が流れる。
(3) ① スイッチを入れると，左のコイルの右側には
S極ができるため，検流計のついたコイルの
左側に磁石のS極が近づいたのと同じである。
よって(2)と同じ向きに誘導電流が流れる。し
たがって検流計は左に振れる。
② 電流が流れたまま鉄芯を入れるので，磁界は
強くなるが磁極には変化はないため，①と同
じ向きに検流計が振れる。
③ スイッチを切るということは，磁石のS極を
遠ざけたのと同じになる。よって誘導電流は，
逆向きに流れるので**ア**となる。
④ スイッチを切ってしまっているので，鉄芯を
とり除いても磁界は変化しない。よって，検
流計のついたコイルには誘導電流は流れない。

🔔 **ここに注意**

コイルの磁界と誘導電流を大きくする方法

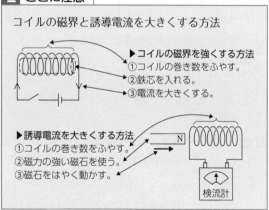

▶コイルの磁界を強くする方法
①コイルの巻き数をふやす。
②鉄芯を入れる。
③電流を大きくする。

▶誘導電流を大きくする方法
①コイルの巻き数をふやす。
②磁力の強い磁石を使う。
③磁石をはやく動かす。

N

検流計

2　身のまわりの物質，化学変化と原子・分子

解答　p.6～p.7

❶ ❶ $1.1\,g/cm^3$
❷ ❷ 二酸化炭素　❸ 二酸化炭素
❹ 上方置換(法)
❸ ❺ イ，ウ，エ　❻ 純粋な物質
❹ ❼ 溶解度曲線　❽ 67%
❾ $116\,g\,(115\,g，117\,g)$
❺ ❿ 化合物
❻ ⓫ 燃焼　⓬ O_2　⓭ 還元
⓮ $CuO + H_2 \longrightarrow Cu + H_2O$
⓯ C

7 ⑯ (例)原子の種類と数

⑰ (銅：酸素＝)4：1　⑱ 1.5倍

解説

1 ❶ プラスチック片の体積は，図のメスシリンダーより

55.5−50＝5.5〔cm³〕

よって，密度は，5.8÷5.5＝1.054…→ 1.1〔g/cm³〕

2 気体の発生方法(薬品，装置と注意事項)，捕集方法，気体の性質などを注意深くおさえておくことが大切。

❷ 石灰石の主成分は炭酸カルシウムである。

・炭酸カルシウム＋塩酸 ⟶ 塩化カルシウム＋水＋二酸化炭素　となる。

　ほかに二酸化炭素を発生させる方法としては，次のようなものがある。

・酸化銅＋炭素 ⟶ 銅＋二酸化炭素　(銅原子の還元)

・炭酸水素ナトリウム ⟶ 炭酸ナトリウム＋水＋二酸化炭素　(熱分解)

二酸化炭素は水に少し溶け，空気よりも重いため下方置換法または水上置換法で集める。

❹ アンモニアの発生である。

アンモニアは水に非常によく溶け，空気より軽いため上方置換法で集める。また，刺激臭があり，有毒である。

3 ❻ 状態変化の温度と加熱時間のグラフでは，時間軸に平行な部分があれば，純粋な物質(純物質)である。

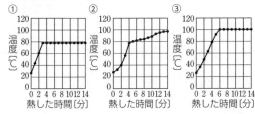

① 温度〔℃〕 0 2 4 6 8 10 12 14 熱した時間〔分〕
② 温度〔℃〕 0 2 4 6 8 10 12 14 熱した時間〔分〕
③ 温度〔℃〕 0 2 4 6 8 10 12 14 熱した時間〔分〕

上図①はエタノール，③は水のグラフで，沸点が変化せずに時間軸に平行になっている。これは，純粋な物質(純物質)である。

②はエタノールと水の混合物のグラフで，4分あたりで沸騰が始まり，エタノールの沸点より少し高い温度で始まっている。4〜6分の間では，エタノールが大部分で，水蒸気が少量の気体が出ている。

12分をすぎるとエタノール成分がなくなり，水の沸点に近づいていく。すなわち，混合物では，エ

タノールと水の量の割合によって，沸点がエタノールの沸点から水の沸点へと変化し，①および③のグラフのように，時間軸と平行になっていないことがわかる。

右の温度変化と状態変化の図で，加熱する物質の質量を

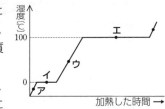

温度〔℃〕 100 エ ウ イ ア 加熱した時間 →

・2倍にすると，時間が2倍になるので，ア，ウの傾きはゆるやかになり，イ，エの長さは2倍になる。しかし，融点，沸点は変化しない。

・半分にすると，ア，ウは急な傾きに，イ，エは半分の長さになる。加熱する物質の質量を2倍にしたときと同様に，融点・沸点は変化しない。

4 ❽ 公式にあてはめる。

$$\frac{200\,g}{100\,g+200\,g}\times100=\frac{20000}{300}=66.6\cdots$$

小数第1位を四捨五入すると，67 ％となる。

❾ 硝酸カリウムの50 ℃での溶解度は84 gと読みとる。

析出量＝200 g−84 g＝116 g

(グラフの読みとりが83 g，85 gのとき，それぞれ117 g，115 gも解)

🚨 **ここに注意**

水溶液を2倍にうすめるには

・2倍にうすめるとは，水溶液の濃度を $\frac{1}{2}$ にすることである。

・水溶液の濃度を $\frac{1}{2}$ にするには，水溶液の質量と同じ質量の水を加え，溶液の質量を2倍にすればよい。覚えておけば，実験などでも役立つ。

〈説明〉 20 ％，80 gの硝酸カリウム水溶液を2倍にうすめるのに x〔g〕の水を加える。

濃度を10 ％にするので20 ％，80 gに含まれる硝酸カリウムの量は，

80 g×0.2＝16 g

80 g
水
10 % 160 g　20 % 80 g

$$\frac{16\,g}{(80+x)g}\times100=10〔\%〕$$ がなりたつ。

これより，x＝80 g となる。水を80 g加えて，水溶液の質量が2倍の水溶液をつくれば濃度は $\frac{1}{2}$ になる。

5 ⑩ 物質の分類

物質
- 純物質(純粋な物質)
  - 単体(1種類の元素からできている)
    - H_2 水素, N_2 窒素, Cl_2 塩素(分子)
    - Cu 銅, Mg マグネシウム(分子ではない)
  - 化合物(2種類以上の元素からできている)
    - CO_2 二酸化炭素　H_2O 水(分子)
    - $NaCl$ 塩化ナトリウム(分子ではない)　CuO 酸化銅(分子ではない)
- 混合物(2種類以上の純物質が混じったもの)
  - 空気(N_2, O_2, CO_2 など),
  - 塩化ナトリウム水溶液($NaCl$, H_2O)

6 ⑭ 化学反応式をつくるとき、次の2点に注意して考える。

- 化学反応は、原子の組みかえである。
- 反応前後で、原子の種類と数は変化しない。

7 ⑰ 銅の酸化で酸化銅ができる。グラフより、銅が4gのとき酸化銅は5gできている。よって、結びついた酸素は、$5g-4g＝1g$ である。

$$2Cu+O_2 \longrightarrow 2CuO$$
$$4g \quad 1g \qquad 5g$$

➡ 銅：酸素：酸化銅 = 4 : 1 : 5

⑱ $2Mg+O_2 \longrightarrow 2MgO$
$3g \quad 2g \qquad 5g$

質量比　Mg原子：O原子＝3：2 なので、
$3÷2=1.5$〔倍〕　となる。

実力問題

解答　　　p.8～p.9

❶(1)①ア, オ, カ ②エ, キ ③オ

(2)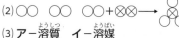

(3)ア－溶質　イ－溶媒
　　ウ－40　エ－60　オ－38　カ－22

❷(1)①, ②, ③, ④ (2)⑥ (3)②, ④

(4)反応式－$2CuO+C \longrightarrow 2Cu+CO_2$
　　反応名－還元

❸(1)ア

(2)エタノール

(3)(エタノール：水＝)3：1

(4)蒸留(分留)

(5)$C_2H_6O+3O_2 \longrightarrow 3H_2O+2CO_2$

❹(1)酸化銅 (2)4g (3)3g

(4)(マグネシウム化合物：銅化合物＝)1：2

解説

❶(1)① 単体は1種類の元素からなる物質である。アの

N_2, オの Ca, カの C(ダイヤモンドは炭素だけからなる鉱物)が該当する。

② 有機物は炭素の化合物である(一酸化炭素、二酸化炭素は除く)。エのショ糖($C_{12}H_{22}O_{11}$, 砂糖の主成分)、キのセルロース(ブドウ糖が結合したもの、植物の細胞壁などをつくる。)が該当する。

③ オの Ca(周期表で Mg と同じ族で金属のなかまである。骨組織をつくる重要な成分)のみが該当する。

(2)窒素、水素、酸素は2原子分子で、化学反応式中で、単独のときは、N_2, H_2, O_2 と表す。NやOなどと表さない。

(3)80℃のときの、飽和水溶液の濃度をまず求める。

$$\frac{150\,g}{100\,g+150\,g}\times100＝60\,\%$$

で、飽和水溶液100g中の物質Xの質量は、$100\,g×0.6=60\,g$…エ
水は、$100-60=40\,g$…ウ
20℃に下げると、溶解度が95であるから、水40g中の物質Xの質量をxとすると、
$$100：40=95：x \quad x=38\,g$$…オ
となり、エを用いて、
$$60-38=22\,g$$…カ
と求まる。

❷①～⑧は、次のような化学反応式で表すことができる。(↑は、気体の発生であることを示す。)

① $Zn+2HCl \longrightarrow ZnCl_2+H_2\uparrow$

② $2H_2O \longrightarrow 2H_2\uparrow+O_2\uparrow$ (水の電気分解)

③ $2H_2O_2 \longrightarrow 2H_2O+O_2\uparrow$ (MnO_2 を触媒とする)

④ $2Ag_2O \longrightarrow 4Ag+O_2\uparrow$

⑤ $2NaHCO_3 \longrightarrow Na_2CO_3+H_2O+CO_2\uparrow$

⑥ $2NH_4Cl+Ca(OH)_2 \longrightarrow CaCl_2+2H_2O+2NH_3\uparrow$

⑦ $2CuO+C \longrightarrow 2Cu+CO_2\uparrow$

⑧ $CaCO_3+2HCl \longrightarrow CaCl_2+H_2O+CO_2\uparrow$

❸(1)蒸気の温度を測定するので、枝付きフラスコの枝の位置に球部がくるように取り付ける。このほかの注意事項としては、沸騰石(突沸を防ぐ)を入れる、ガラス管を集めた液に入れない、などがある。

蒸気の温度をはかる →液だめは枝の高さにする　温度計　枝つきフラスコ　ガラス管の先をたまった液に入れない　水　沸騰石は必ず入れる。

(2)沸点の低いエタノールのほうが沸騰を始める。

しかしながら，水蒸気も蒸発していることに注意する。

(3) 集めた液を 1 とおいて考える。
エタノールの質量＋水の質量＝集めた液の質量
となるので，水の体積を x とするとエタノールの体積は $(1-x)$ となる。

$$0.80 \times (1-x) + 1.0 \times x = 0.85 \times 1$$

より，$x = 0.25$　エタノールの体積は 0.75 となる。
エタノールの体積：水の体積＝3：1

(5) $\boxed{a}\,C_2H_6O + \boxed{b}\,O_2 \longrightarrow \boxed{c}\,H_2O + \boxed{d}\,CO_2$ から次のような方法で係数を求める。このような方法を未定係数法という。これは，反応の前後で原子の数が変わらないことを利用しており，どれかのアルファベットを 1 とおいて方程式を解いていき，係数を求める方法である。このとき，係数が分数にならないようにする。
未定係数法を用いた場合，次のようにして求めることができる。

$$\begin{array}{lll} \text{C} & 2a = d & \cdots\text{①} \\ \text{H} & 6a = 2c & \cdots\text{②} \\ \text{O} & a+2b = c+2d & \cdots\text{③} \end{array} \left.\begin{array}{l} a=1 \quad \text{①} \to d=2 \\ \text{②} \to c=3 \\ \text{③} \to b=3 \end{array}\right\}$$

$a=1,\ b=3,\ c=3\quad d=2$ となり，

$$C_2H_6O + 3O_2 \longrightarrow 3H_2O + 2CO_2$$

❹ (2), (3) Mg：O：MgO＝3：2：5
Cu：O：CuO＝4：1：5 ｝グラフよりなりたっている。

マグネシウムを x〔g〕とすると，銅は $(11-x)$〔g〕
混合物 11 g と結びついた酸素は，15 g－11 g＝4 g
なので，$\dfrac{2}{3}x + \dfrac{1}{4}(11-x) = 4$　がなりたち，
$x=3$〔g〕　が求まる。

(4) 同じ質量の酸素が結びついた化合物の質量比なので，

MgO：O＝5：2
CuO：O＝5：1＝10：2 ｝酸素の比を同じにする。

よって，MgO：CuO＝5：10＝1：2　となる。

3　生物の観察と分類，生物のつくりとはたらき

解答	p.10 ～ p.11

❶ ① おしべ　② 柱頭　③ 胚珠
❷ ④ ア　⑤ エ
❸ ⑥ B　❼ C
❹ ⑧ 核　⑨ 細胞膜
❺ ⑩ A　⑪ (例) 維管束が輪状になっているから。

❻ ⑫ b
⑬ 消化酵素　⑭ ブドウ糖
⑮ 肺胞　⑯ 白血球
❼ ⑰ 感覚神経　⑱ 中枢神経　⑲ 反射
⑳ (刺激)→感覚器官→ B →脳→ D →脊髄
→ E →運動器官→(反応)

解説

❶ 花のつくりの名称は下図。また，受粉後に子房は果実に，胚珠は種子になることにも注意する。

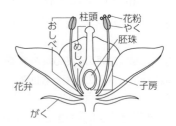

・裸子植物のマツやスギ，イチョウなどには子房がなく，胚珠がむき出しになっているので，果実をつくることなく種子だけをつくる。上の図はマツの雌花のりん片と種子である。裸子植物にみられる「まつかさ」は雌花のりん片部がかたく発達してできたもので，果実ではないことに注意する。イチョウの「ぎんなん」は外側の種皮がやわらかいので果実のように思われるが，種子である(内側の種皮がかたく，胚と胚乳を保護している)。

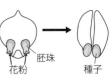

❷ 植物の分類と種類のまとめは，次のようになっている。

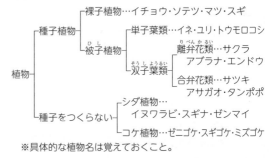

※具体的な植物名は覚えておくこと。

❹ 細胞は生物のからだをつくる最小単位である。その形や大きさは，生物の種類やからだの部分などにより異なる。細胞は主に次のようなものから構成されている。

核…遺伝子の本体 DNA を含む

細胞質─(共通)─細胞膜…物質の出入りを調節
細胞　　　　　(植物)─液胞…老廃物
　　　　　　　　　　　葉緑体…光合成
　　　　　　　　　　　細胞壁…細胞の形を保つ
　　　　　　　　　　　(植物のみ)

❽ 核には，酢酸カーミン液でよく染まる染色体が含まれ，染色体はタンパク質と遺伝子の本体の DNA を含んでいる。

5 ⑫ 光合成により，葉でつくられたデンプンは水に溶ける糖に変わって，師管を通って植物のからだ全体に運ばれ，成長のために使われたり，果実(リンゴ・カキ)，種子(ダイズ・インゲンマメ)，根(サツマイモ・ニンジン)，茎(ジャガイモ・ユリ)などにたくわえられる。

6 ⑬ 消化酵素は，①はたらく物質が決まっている。
②適温(35〜40℃くらい)でよくはたらく。
③物質にはたらき，分解しても自分自身は変化しない(触媒と同じで，何度でもはたらくことができる)。

養分が最初に消化される場所・酵素・最終消化物
デンプン→口……だ液のアミラーゼ，ブドウ糖
タンパク質→胃…胃液のペプシン，アミノ酸
脂肪→十二指腸…すい液のリパーゼ，脂肪酸とモノグリセリド

※すい液はデンプン，タンパク質，脂肪の3つにはたらきかける消化酵素を含んでいる。

7 ⑰ 感覚器官から中枢神経まで伝える神経を感覚神経，中枢神経から運動器官まで伝える神経を運動神経という。

⑲ "反射"の具体例を書けるようにしておこう。
① 熱いものに触れると，とっさに手をひっこめる。
② 目の前に急に虫などが飛んできたとき，思わず目を閉じる。まばたき反射
③ 急に明るくなったとき，ひとみが閉じる運動。瞳孔反射
④ ひざの下をたたくと足がはね上がる。しつがいけん反射
⑤ 食べ物を口に入れるとだ液が出る。
　※うめぼしを見てだ液が出るのは，反射ではなく，大脳が関係する条件反射という。

⑳ 目に入る光の刺激は脳につながる感覚神経 B で脳(大脳)に伝わる(目が脊髄より上にあるため)。

大脳で信号が判断され"書け"の命令が脊髄に伝わり運動神経 E を通って，運動器官の手が動く。
(刺激)→感覚器官→ B →脳→ D →脊髄→ E →運動器官→(反応)　となる。

🔔 ここに注意

感覚器官で受けとった刺激を信号として伝えるとき，目や耳など首より上(脊髄より上)の感覚器官では脊髄ではなく脳に直接伝えられることに注意しておく。

実力問題

解答	p.12〜p.13

❶ (1) X−胚珠　Y−維管束(根・茎・葉の区別)
　(2) ア　(3) 右図
　(4) ①ウ　②イ　③エ
　　　④ア
　(5) シダ植物

葉　茎　地面　根

❷ ①キ，あ　②ウ，い　③オ，か　④カ，お
　⑤エ，き　⑥ア，え　⑦イ，う

❸ (1) キ　(2) 肺動脈　(3) 肺循環　(4) 左心室
　(5) ②　(6) ⑬

❹ (1) 虹彩　(2) ウ　(3) ア
　(4) 記号−d　名称−網膜

解説

❶ (1) 種子植物を被子植物と裸子植物に分ける特徴は，「子房があるかないか」(胚珠がむき出しか，子房に包まれているか)である。
　　イヌワラビ，スギナなどのシダ植物とスギゴケ，ゼニゴケなどのコケ植物を分ける特徴は，「維管束があるかないか」または，「根・茎・葉の区別があるかないか」である。
(2) A は雄花のりん片にある花粉のうである。これは，アブラナのおしべのやく(葯)に相当する。マツの雌花にある胚珠はむき出しになっており，アブラナの花ではウに相当する。
(3) 単子葉類は，「平行脈・ひげ根」，双子葉類は「網状脈・主根・側根」である。
(4) アサガオ：双子葉類・合弁花類である。
　　ユリ：単子葉類。
　　イチョウ：雄株・雌株のある裸子植物である。
　　サクラ：双子葉類，離弁花類である。
　　ゼンマイ：シダ植物。

具体的な植物名もしっかりマスターしておくことが大切である。

(5)ゼンマイ，シノブ，マツバランなどもある。

❷ 次のような，無セキツイ動物の軟体動物は，内臓をおおう外とう膜をもつ。

貝（二枚貝：アサリ・シジミ，巻貝：サザエ・タニシ），イカ，タコなど。イカの内臓は右の図のようになっている。

無セキツイ動物の節足動物は外側をおおう殻の外骨格をもつ。外骨格には節があり，内側についている筋肉によってからだを曲げたり伸ばしたりする。

昆虫類，甲殻類のエビ，カニ，ミジンコ，クモ類のクモ，ダニ，サソリなどが節足動物である。

セキツイ動物は，次のようにまとめられる。

	ホ乳類	鳥類	ハ虫類	両生類	魚類
	ウマ	カモ	トカゲ	イモリ	メダカ
背骨の有無	ある				
子の生まれ方	胎生	卵生（殻のある卵）		卵生（殻のない卵）	
体温	恒温		変温		
主な呼吸器官	肺			肺(親)：えら(子)	えら
生活場所	陸上			水中	

• **注意すべき動物のなかま分け**

ホ乳類：コウモリ，クジラ，イルカ，カモノハシ（卵を産むホ乳類）

鳥類：ペンギン，ダチョウ（飛べない）

魚類：サメ，タツノオトシゴ

❸ (1)心臓から血液が③の大動脈を通って，頭部，足部へと左右に分かれて流れ，A(←)B(←)そしてC(↑)，大静脈⑪を通って心臓にもどる。この血液の流れの経路を体循環(酸素を組織で使う経路)という。

(2)心臓から肺へ向かう血液(酸素が少ない静脈血)が流れる，肺動脈があてはまる。

(3)肺で酸素を受けとる経路で，肺循環という。

(4)大動脈③とつながっているのは，全身に血液を送り出す左心室である。4つの部屋の中で最も筋肉が厚く，じょうぶにできている。

(5)酸素と二酸化炭素のガス交換は肺で行われるので，肺から出て心臓へもどる血液が流れる肺静脈の②で，最も酸素の多い動脈血が流れている。

(6)尿素は肝臓でつくられるので，肝臓から出る静脈の⑬に尿素の多い血液が流れている。腎臓では尿素をこしとるので，腎臓から出る静脈の⑫には最も尿素の少ない血液が流れている。

赤血球に含まれるヘモグロビンは，酸素の多い所で酸素と結びつき，少ない所で酸素の一部をはなす性質をもつ。肺循環，肺で酸素と結びつき，体循環，組織で酸素の一部をはなす。

❹ dの網膜には光の刺激を受けとる細胞がある。eの毛様体筋は，水晶体をとりまく筋肉で，水晶体の厚みを変え，見るものの遠近に応じて焦点を調節するはたらきがある。

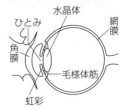

(1)aは虹彩で，目に入る光量を調節する。

(2)明るい所ほどまぶしく感じるので，光量が少なくなるように，虹彩によってひとみを小さく調節する。この調節は，目→感覚神経→脳(大脳以外の，脳の反射神経)→運動神経→筋肉　と反応し，これは反射である。これは，瞳孔反射といわれている。

(3)部屋の明かりを消して，暗くすると最初見えないが，じょじょに見えてくる。この間，目を大きく見開いていることを経験したことがあるだろう。Xのひとみを大きくして，わずかな光をとらえようと無意識のうちに虹彩を調節している。なお，ひとみXのまわりのうすい色の部分が虹彩のaである。

4　大地の変化，天気とその変化

1 ❶ 水蒸気　❷ 2 mm 以下　❸ 火砕流
　❹ 火成岩
　❺ (例)地下で，ゆっくり(地下深くで，ゆっくり)

2 ❻ 15秒　❼ 5.0 km/s　❽ 比例(関係)

3 ❾ 凝灰岩　❿ (逆)断層　⓫ しゅう曲
　⓬ 地層の曲がり　⓭ 示準化石

4 ⓮ 14.5 g　⓯ 17℃　⓰ (順に)Ⅲ，Ⅰ，Ⅱ

5 ⓱ 寒冷前線　⓲ Q 地点

6 ⓳ 記号ーC　気団名ー小笠原気団
　⓴ 記号ーA　気団名ーシベリア気団
　㉑ 記号ーB　気団名ーオホーツク海気団

解説

1 ❶, ❷ 火山噴出物には，次のようなものがある。

- 溶岩…マグマが地表に流れ出したもので，とけた状態も固まった状態もともに溶岩という。
- 火山れき…直径が 2 mm 以上の噴出物
- 火山灰…直径が 2 mm 以下の噴出物
- 火山弾…マグマがふき飛ばされて空中で冷えて固まったもの。
- 軽石…無数の穴があいていて，白っぽい，軽い噴出物
- 火山ガス…90 ％以上が水蒸気で，ほかに二酸化炭素，二酸化硫黄，硫化水素など

❹ マグマが冷え固まってできる岩石を火成岩という。岩石をつくる鉱物を造岩鉱物といい，火成岩の造岩鉱物は，無色鉱物(セキエイ，チョウ石)，有色鉱物(クロウンモ・カクセン石・キ石・カンラン石)に分けられる。

❺ 火成岩は次のように分類される。

- 火山岩(地表・地表近くで急冷し固まる。)
  斑晶と石基からなる斑状組織。
  石基…急冷で結晶になりきれず，ガラス質
  斑晶…マグマが地下深くで大きく育った結晶
  (白っぽい)←流紋岩・安山岩・玄武岩→(黒っぽい)
- 深成岩(地下深くでゆっくり冷え固まる。)
  大きい結晶からなる等粒状組織
  (白っぽい)←花こう岩・閃緑岩・はんれい岩→(黒っぽい)
  ※白っぽいほどマグマの粘性が強い。
  ※火山岩の石基は，マグマが地表近くで急に冷えたために結晶にまで成長せずガラス状に固まった部分で，斑晶は，マグマが地表に上昇してくる途中の地下深い所ですでに結晶に成長していたマグマの成分である。そのため，斑晶のほうが石基よりはやくできている。
  ▼火成岩・含有鉱物・マグマの性質・火山の形などをまとめ，次のような図を描けるようにしておこう。

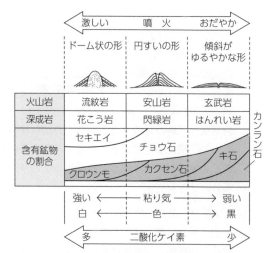

※二酸化ケイ素(SiO_2)を多く含むマグマは，粘性が強く，噴火は激しく，白っぽい溶岩ドームをつくる。昭和新山，有珠山，雲仙普賢岳など。

2 ❻〜❽ 震央と観測点との距離を震央距離といい，震源の深さが小さい地震(浅い地震)では，震源距離＝震央距離と考えて計算に利用する。

この地震波の記録は上図のように震央から一直線上にあると考えられる。地下のようすがほぼ同じなので，地震波の速さが変化しない。このことは，初期微動継続時間(P–S 時間)が震源からの距離に比例していることからわかる。
(50 km，5 s) (120 km，12 s) (150 km，15 s) となっている。

3 ❿, ⓫ 断層としゅう曲は次のような力がはたらくことでできる。

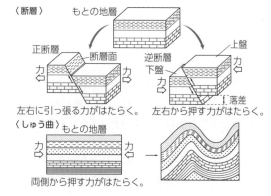

〈断層〉 もとの地層
正断層　断層面　逆断層　上盤
力　　下盤　　　　力　落差
左右に引っ張る力がはたらく。　左右から押す力がはたらく。

〈しゅう曲〉 もとの地層
力　　　力
両側から押す力がはたらく。

9

問題の地層の図はすべて連続して積み重なっている整合であるが，右図のような，堆積→隆起→侵食→沈降→堆積→隆起のように，侵食を受けて再び堆積するという不連続な積み重なりの不整合な地層も多くある。不整合面の数でその地域が何回隆起したかを知ることができる。

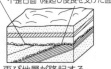

不整合面より下の地層がけずられてできたれき
不整合面（隆起し侵食を受けた面）
再び地層が隆起する。

⑫ 問題図から次のことが読みとれる。
①最下層が堆積　②近くで火山の噴火が起こり火山灰が堆積　③順番に整合で3つの層が堆積　④左右から大きな押す力によりしゅう曲が起こる　⑤押す力に耐えられず，地層が切れてずれる断層が起こる。

⑬ 堆積した地層の地質年代を知る示準化石には次のようなものがある。

示準化石を具体例で覚えておこう。

地質年代	示準化石
新生代 6600万年前	ナウマンゾウ　ビカリア(巻貝) メタセコイア
中生代 2億5100万年前	キョウリュウ　モノチス(皿貝) アンモナイト　シソチョウ(始祖鳥)
古生代 5億3900万年前	ハチノスサンゴ　フズリナ サンヨウチュウ リンボク(シダ植物)

また，示相化石(地層が堆積した当時の環境を知る化石)には次のようなものがある。
　サンゴ…あたたかい浅い海だった。
　ホタテガイ…冷たい海だった。
　アサリ・ハマグリ…浅い海だった。
　シジミ…河口などの汽水域だった。
　ブナの葉…温帯でやや寒冷だった。(木の葉の化石は流れが静かな湖沼でできる。)

🚨 **ここに注意**

離れたところにある2つの地層の上位・下位関係を調べるとき，その判断の有力な目安になる地層をかぎ層という。凝灰岩(火山灰層)や特徴ある化石を含む石灰岩やチャート，また，石炭層などがある。

次の図で，目につくcとfの砂の層について，fにビカリアの化石が含まれていないので異なる地

層である。

次に火山灰の層に目をつけると，aとgが同じと見る(火山灰の成分から同じ噴火と判断できる)と，地層の古いものから，d，c，b(h)，a(g)，f，eと順に並べることができ，これによって，地層の上位・下位の関係が見分けられる。

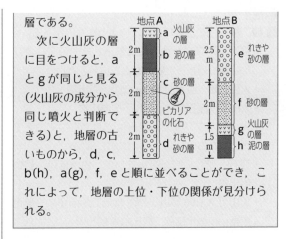

地点A
a 火山灰の層
b 泥の層
c 砂の層
ビカリアの化石
d れきや砂の層

地点B
e れきや砂の層
f 砂の層
g 火山灰の層
h 泥の層

④ ⑭ 25℃の飽和水蒸気量はグラフより23 gである。湿度が63 %なので，飽和水蒸気量の63 %分の水蒸気量が含まれていると考えると，
　　23×0.63＝14.49〔g〕
と求められる。

⑮ 空気1 m³中に14.5 g含まれているので，図3の14.5 gが飽和水蒸気量となる温度が露点になる。定規を飽和水蒸気量14.5にあて，曲線と交わる点の温度が露点の17℃となる。

露点は水蒸気を含む空気を冷やして，水滴ができ始めるときの温度で，右図を理解するようにしておくこと。

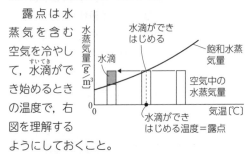

水滴ができはじめる
飽和水蒸気量
水滴
空気中の水蒸気量
気温〔℃〕
水滴ができはじめる温度＝露点

⑯ グラフを利用して求めることができる。図3に，Ⅰ，Ⅱ，Ⅲを・で表す。
飽和水蒸気量に近い点ほど湿度が大きくなることからⅢ，Ⅰ，Ⅱとなる。

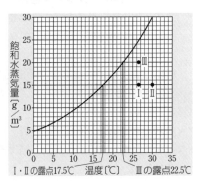

Ⅰ・Ⅱの露点17.5℃　　温度〔℃〕　　Ⅲの露点22.5℃

5 ⑰, ⑱ 寒冷前線は,
寒気が暖気を押し
上げながら進む。

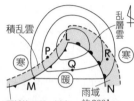

温暖前線は, 暖
気が寒気の上をは
い上がりながら寒
気を押し, 進む。温帯低気圧のまわりは寒気＝
㊥, 暖気＝㊝と表すと上図のようになる。

6 ⑲ A：シベリア気団
　　寒冷・乾燥
　　冬の北西の季節
　　風
　B：オホーツク海気団
　　寒冷・多湿
　　梅雨の長雨
　C：小笠原気団
　　高温・多湿　夏の南東の季節風　梅雨の長
　　雨
　D：移動性高気圧, 春・秋に低気圧と交互
　　低湿, 好天・周期的に変化

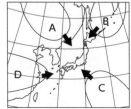

実力問題

解答	p.16 ～ p.17

❶ (1) 4 km/s
　(2) 15 秒
　(3) ①変化しない　②変化する
　(4) 46 秒後
❷ (1) しゅう曲　カ—左右からの押す力
　(2) (逆)断層
　(3) d, e　フズリナ—古生代
　　ビカリア—新生代
　(4) ①火山の噴火　②石灰岩, チャート
❸ (1) ① 16 時～ 17 時
　　② (例)気温が下がっていること, 風向が南
　　　よりから北よりに変わっていること
　　③ 16 時
　(2) 洪水, 土砂くずれ, 土石流(などから2つ)
　(3) (例)海から水蒸気や熱の吸収ができないか
　　ら。
　　(水蒸気や熱を"水蒸気", "熱"だけでも可)
❹ (1) ①飽和　②膨張　③凝結
　(2) 10.6 g　(3) 8.8 g

解説

❶ (1) グラフより, 地震発生時刻が与えられているの
で, A 地点(80 km)までS 波は 20 秒で到着して
いる。地震発生時刻が与えられていない場合に
は, 2 地点間で考える。

・A, B 地点間で P 波の速さを求める。

$$\frac{距離〔km〕}{要した時間〔s〕}=\frac{(160-80)\,km}{47分10秒-47分00秒}=8km/s$$

・A, C 地点間で S 波の速さを求める。

$$\frac{(240-80)\,km}{47分50秒-47分10秒}=4km/s$$

(2) この地震波の観測地点は, 初期微動継続時間と
震源からの距離が比例していることから, 震央
から一直線上にあると考えられる。120 km の地
点なので 240 km での初期微動継続時間 30 秒の
半分である。

(3) 地震の規模(破壊のエネルギー)が変化するので
地震のゆれの大きさは変化するが, 初期微動継
続時間は, 地下のつくり(地層)が変化していな
いので, ほとんど変化しないと考える。

(4) A 地点での P 波の観測：47 分 00 秒
緊急地震速報の発信　：47 分 04 秒
C 地点での S 波の観測：47 分 50 秒
よって, 47 分 50 秒 - 47 分 04 秒＝46 秒　となる。
震度 5 弱以上の地震が起こることが予測された
ときに, 緊急地震速報が発信される。C 地点の
人は 46 秒の間に地震に対する心構えができ, 被
害を減らす行動がとれる。

❷ (2) 左右から押す力がはたらいて, 上盤が上がって
いるので逆断層。
　この地層は e まで整合に堆積し, 左右からの
押す力で地層が曲がり, 押す力が急に大きくな
り地層のずれが起こった。(すべての地層が切れ,
ずれているため, 断層が最後に起こったことが
わかる。)

(4) ①火山灰, 火山れきなどが積み重なってできた
岩石である。「火山の噴火」と答えるのがよい
だろう。「火山活動があった」では範囲が広す
ぎる。
　また, B～Dの地層は, れき(浅い所で堆積),
砂(れきと泥の中間), 泥(深い所で堆積)の順
に堆積しているので, D(浅い)→ C(中間)→ B
(深い)となり, だんだん深くなっていったこ
ともわかる。深くなる理由には, 海底の沈降
や海水面の上昇などがある。

②生物の遺がいや海水に溶けこんだ成分
- フズリナやサンゴ➡石灰岩($CaCO_3$)，塩酸でCO_2発生
- 放散虫，海綿の骨片➡チャート(SiO_2) 塩酸には反応しない。石灰岩の中に塊として含まれることもある。かたいので，火打石として利用される。

❸(1)①，②右図より，寒冷前線の通過前ではA点は暖気，通過後は寒気に入る。風向は南よりから北よりに変わるのがふつうである。

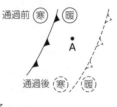

通過前 ⟨寒⟩ ↑ ⟨暖⟩

A

通過後 ⟨寒⟩ / ⟨暖⟩

③湿度は，その温度での飽和水蒸気量に対する設問中の空気に含まれる水蒸気量の割合（ふつう，質量パーセント濃度）である。飽和水蒸気量は温度が大きいほど大きくなるので，同じ湿度の2つの空気では，温度の高い空気のほうが水蒸気を多く含んでいることになる。したがって，約19℃の16時のほうが水蒸気を多く含んでいることになる。

(2)大雨による災害を考えると洪水，土砂くずれ，土石流（川の上流で，谷底などに堆積されていた大量の土砂などが，大雨で多量の水を含み，一度に谷や傾斜面を流れ下る現象。山崩れによって直接生じた土石流を山津波といい，大災害をもたらす。）が考えられる。

高潮は，低気圧による急激な気圧の低下と強風が原因で，沿岸の水位が高くなり，海水が岸にふきよせられ，陸上に侵入する災害である。これは，強風も大きく関係しているので，解の中には入れない。

(3)台風は，上昇気流によってまわりからとり入れるⓐ高温の空気のもつ熱エネルギーとⓑ水蒸気が水に状態変化するときの凝結熱によって成長する。ⓐ，ⓑが断たれると台風はおとろえ，やがて消えてしまう。

❹問題文中の「空気が100m上昇するごとに約1℃ずつ温度が下がる割合」を乾燥断熱減率という。また露点に達して，「空気中の水蒸気が飽和しているときは，100m上昇するごとに約0.5℃下がる割合」を湿潤断熱減率という。この2つの用語を覚えておくと便利である。

(1)空気が膨張すると温度が下がる理由（外部から熱をもらわない〈=断熱〉とき）

- 空気の塊が膨張するとまわりの空気に対して仕事をする（まわりの空気にエネルギーを与える）ので空気の塊内の空気の粒がもっていたエネルギーが減少して，粒の速さが小さくなり，温度が下がる。（仕事とは，ものに力を加え，その方向に移動させること。このときにエネルギーをものに与えることになる。）

(2)30℃の飽和水蒸気量×0.35 で求められる。

$30.3 g × 0.35 = 10.605 → 1.06$〔g〕

(3)空気塊1m^3が2000m上昇して20%分増えて1.2m^3になったので，1m^3中の水蒸気量は，

$10.6 g ÷ 1.2 m^3 = 8.83 g/m^3$となり，8.8$g/m^3$。

また，10℃の飽和水蒸気量は，9.4g/m^3で，この空気1m^3中の水蒸気量は8.8g/m^3より飽和していないので，雲は発生していないことがわかる。

A～Fの空気について，それぞれ（温度，含む水蒸気量，飽和水蒸気量）を示す。

A(16℃, 8.4g, 14g)
B(24℃, 13.2g, 22g)
C(32℃, 19.2g, 34g)
D(16℃, 6.0g, 14g)
E(24℃, 6.0g, 22g)
F(32℃, 6.0g, 34g)

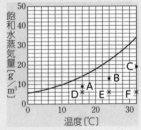

▼同じ湿度の場合 ・印の空気（60%）(A～C)
- 温度が高いほど，含む水蒸気量は多い
- 温度が高いほど，露点が高い

露点：A(約8℃) B(約14℃) C(約22℃)

▼同じ水蒸気量を含む場合 ×印の空気(D～F)
- 温度が高いほど，湿度は低い

湿度：D(約43%) E(約27%) F(約18%)
- 露点は同じ（約3℃）

以上のようなことが，グラフ，計算よりわかる。

3年　第1章　運動とエネルギー

1 水圧・浮力

Step 1 解答　　　　p.18～p.19

❶❶大きく　❷D
❷(1)ウ　(2)エ

3 ① 下　② 上　③ 底面　④ 上　⑤ 下
　　⑥ 浮かぶ　⑦ 沈む

解説

2 (1)水圧のはたらく大きさは水深によって決まり，深くなるほど大きくなる。円筒の上面と下面では，下面にはたらく水圧のほうが大きいので，ゴム膜の下面のほうがへこみが大きいものを選ぶ。

(2)物体がある深さが等しければ，水圧の大きさも等しい。ゴム膜のへこみが等しい選択肢を選ぶ。

3 ④，⑤ 水中に物体を沈めたとき，物体の鉛直方向にはたらく力は重力と浮力である。物体が水面に浮かび静止しているときは，物体にはたらく重力と浮力がつりあっている。

Step 2	解答	p.20～p.21

1 (1) E　(2) BとC　(3) A：E＝1：3
　　(4) ウ　(5) 3000 Pa
2 (1) 1.0 N　(2) 変わらない
3 ア
4 (1) エ　(2) オ
　　(3) A－(例)船にはたらく重力と浮力がつりあった
　　　　B－エ

解説

1 (1)最も深いE点の水圧がいちばん大きい。
(2)同じ深さの地点では，水圧の大きさは等しい。
(3)水圧は，深さに比例する。
(5)1 cm の深さでの水圧は100 Pa である。1 cm 深くなるごとに，100 Pa ずつ圧力が増えるので，30 cm の深さの水圧は3000 Pa となる。
2 (1)浮力＝2.5－1.5＝1.0〔N〕
(2)浮力の大きさは，深さに関係しない。
3 浮力の大きさ＝物体の下の面にはたらく力の大きさ－物体の上の面にはたらく力の大きさ　である。下の面と上の面にはたらく水圧の差によって浮力は生じる。浮力は上向きにはたらく力である。
4 (1)物体Xが空気中で示すばねばかりの値が，aより0.50 N。浮力の影響を受けたばねばかりの値は，dより0.30 N であるので，
　　0.50 － 0.30＝0.20〔N〕　となる。
(2)aの位置のばねばかりの値より，物体X，Y，

Zそれぞれの質量は，Xは50 g，Yは40 g，Zは50 gとわかる。cまたはdの位置のばねばかりの値より，Xにはたらく浮力は0.2 N，Yにはたらく浮力は0.2 N，Zにはたらく浮力は0.1 Nである。浮力は物体がおしのけた水の体積に等しいことから，体積が最も小さい物体はZである。よって，Zの密度が最も大きい。

2　力の合成・分解

Step 1	解答	p.22～p.23

1 ❶ 8　❷ 4
　　❸ 合力
　　❹ 平行四辺形
　　❺ 分力
　　❻ 分力
2 (1) 右図　(2) 120°
3 ウ
4 (1) ① 右図
　　　　② 右図
　　(2) 0.28 N

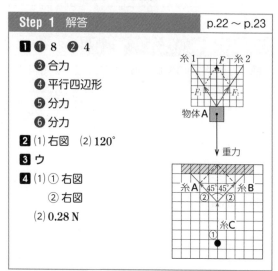

解説

1 同一直線上にない2つの力の合力は，2つの力の矢印を2辺とする平行四辺形の対角線になる。
　　1つの力を同一直線上にない2つの力に分解するには，1つの力の矢印が平行四辺形の対角線となるように，2つ(X，Y)の方向に分解する。

2 (1)Fを対角線とし，F_1 と F_2 がそれぞれ糸1，糸2上になるような平行四辺形を描く。
(2)すべての力の大きさが等しいということは，各矢印の長さが等しくなる。力の合成を行うと1辺が重なり合っている正三角形が2つになることがわかる。図1で x と y の角度はそれぞれ正三角形の角度であるため60度であることがわかる。よって，糸1，2の角度は，60＋60＝120〔°〕

3 2つの力を表す2辺がつくる角度が大きくなるほど，合力の大きさは小さくなる。ちょうど120°のとき，辺の長さと対角線の長さが等しくなる。

4 (2)図より，①の長さは直角二等辺三角形の斜辺になっているので，
$$\frac{0.4}{\sqrt{2}}=\frac{0.4\sqrt{2}}{2}=0.28〔N〕$$

ここに注意

力については,

- 力の問題では常に"何から何にはたらくか"を考え,作用点を判断する。
- 2力のつりあいの条件。
- 合力,分力のかぎとなる平行四辺形を正しく描ける。

などをマスターしておくことが大切。

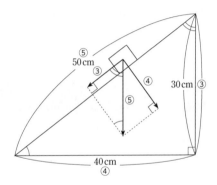

Step 2 解答 p.24～p.25

1 (1) (例)比例の関係にあるため。
(2) 右図
(3) (例)(角度を小さくするにつれて,)それぞれの引く力は小さくなる。

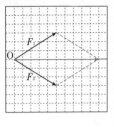

2 (1) 4 cm
(2) 120°

3 (1) エ
(2) 100 N

4 6 cm

解説

1 (3) 輪ゴムを引く力が一定であるから,作図上の平行四辺形の対角線の長さは一定である。

2 (1) 問題文より,1 N を 5 cm の長さとしてあるため,
5×0.8=4〔cm〕

3 (1) バケツを支える 2 力のつくる角度が小さいほど,それぞれの手にかかる力は小さくなる。よって,
60°＞45°＞30° の順に
小さな力になる。
(2) 図の角度が 120° になるとき,バケツにはたらく重力と手にかかる力が等しくなる。

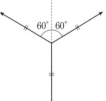

4 次の図より,物体に加わる重力：斜面に沿う分力＝
5：3＝1 N：0.6 N となる。
0.1 N の力でばねは 1 cm 伸びるから,0.6 N で 6 cm 伸びることになる。

---

3 運動のようすとその記録

Step 1 解答 p.26～p.27

1 ❶ (打点式)記録タイマー ❷ $\frac{1}{50}$ ❸ $\frac{1}{60}$
❹ 50 ❺ 50

2 (1) 0.5 m/s (2) 12 km/h
(3) 325 m/min (4) 瞬間の速さ
(5) AB 間－10 cm/s AD 間－15 cm/s
DG 間－25 cm/s

3 ① ウ ② オ ③ イ ④ カ ⑤ ア ⑥ エ

解説

1 ❷,❹ 1 秒間に 50 打点だから 1 打点で $\frac{1}{50}$ 秒より,
5 打点で 0.1 秒となるから,この間の速さは,
5 cm÷0.1 s＝50 cm/s

❸,❺ 1 秒間に 60 打点だから 1 打点で $\frac{1}{60}$ 秒より,
6 打点で 0.1 秒となるから,この間の速さは,
5 cm÷0.1 s＝50 cm/s

2 (1) 50 cm＝0.5 m より,0.5 m/s
(2) 1 分＝$\frac{1}{60}$ 時間,200 m＝0.2 km,
0.2 km÷$\frac{1}{60}$ h＝12 km/h
(3) 2 時間 10 分＝130 分,42.195 km＝42195 m より,
42195 m÷130 min＝324.57…→325 m/min
(5) (AD 間) 4.5 cm÷0.3 s＝15 cm/s
(DG 間) 7.5 cm÷0.3 s＝25 cm/s

別解 記録テープより,DG 間は等速直線運動をしていることがわかるため,
2.5 cm÷0.1 s＝25 cm/s としてもよい。

3 記録タイマーの打点の間隔がだんだんとせまくなっているものは,速さが小さくなっていることを表す。
(摩擦のある面での運動,斜面を上る運動)
逆に,間隔が広がっているものは,速さが大きくなっている。(斜面を下る運動,自由落下運動)

1 (1) (例)台車にはたらく重力の斜面に平行な分
力の大きさが実験Ⅱのほうが大きいから。

(2)① **80 cm/s**　② **エ**

2 (1) **イ，オ，キ**　(2) **12 km**

(3) **A駅からB駅までの距離**

(4) A駅からB駅－ **72 km/h**

B駅からC駅－ **41 km/h**

3 (1) **0.1 秒**

(2) **右図**

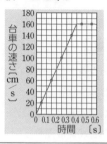

解説

1 (2)① 5打点するのにかかる時間は $\frac{1}{50}$ ×5＝0.1〔s〕

台車は斜面を下りきったときに5打点で8 cm

進んでいるので，$\frac{8.0〔cm〕}{0.1〔s〕}$＝80〔cm/s〕

② ①と同様に考えると，実験Ⅱの台車の速さは

$\frac{10.7〔cm〕}{0.1〔s〕}$＝107〔cm/s〕　これは，実験Ⅰの台車

よりも速いので，同じ時間での移動距離も実
験Ⅱのほうが大きくなる。

2 (1) グラフが水平になっている区間は速さが一定で
ある。

(2) A駅からB駅まで移動しているのは図の**ア～エ**
の区間である。速さと時間の関係を示したグラ
フでは，面積が移動距離となるので，各区間の
面積を求め，合計すればよい。ただし，横軸は
分，縦軸は時速であるため，縦軸を分速にするか，
横軸を時間にするなど，単位をそろえてから計
算しなければならない点に注意する。

・**ア，イ**の区間

時速を分速に直すと，120 km/h は 2 km/
min である。**ア，イ**の区間の移動距離は**ア，
イ**の区間の台形の面積となるため，

(3〔min〕＋6〔min〕)×2〔km/min〕÷2＝9〔km〕

・**ウ**の区間

時速を分速に直すと，30 km/h は 0.5 km/
min である。**ウ**の区間の移動距離は**ウ**の区間
の台形の面積となるため，(2〔km/min〕＋0.5

〔km/min〕)×2〔min〕÷2＝2.5〔km〕

・**エ**の区間

エの区間の移動距離は**エ**の区間の三角形の
面積となるため，

0.5〔km/min〕×2〔min〕÷2＝0.5〔km〕

したがって，求める距離は

9〔km〕＋2.5〔km〕＋0.5〔km〕＝12〔km〕

(3) B駅からC駅までの距離を(2)と同様に求める。

時速を分速に直すと，60 km/h は 1 km/min
である。求める距離は図の**カ，キ，ク**の区間の
台形の面積である。

よって，(11〔min〕＋4〔min〕)×1〔km/min〕÷2
＝7.5〔km〕

したがって，A駅からB駅までの距離の方が
長い。

(4) A駅からB駅までの距離は 12 km，かかった時
間は 10 分より，平均の速さは，

12〔km〕×60〔min/h〕÷10〔min〕＝72〔km/h〕

B駅からC駅までの距離は 7.5 km，かかった
時間は 11 分より，平均の速さは，7.5〔km〕×60
〔min/h〕÷11〔min〕＝40.9…≒ 41〔km/h〕

3 (1) 1秒間に60回打点するので，6打点で0.1秒を要
している。

(2) それぞれの間隔が 0.1 秒あたりの移動距離となる
ので，平均の速さ〔cm/s〕はそれぞれの長さの10
倍の値となる。

また，打点は各時間の区間の真ん中にとるこ
とも忘れないようにする。

4　力と物体の運動

1 ❶ 30　❷ 50　❸ 70　❹ 60　❺ 60　❻ 60

2 (1) 等速直線運動　(2) 比例(関係)

(3)① 慣性の法則　② 慣性

3 (1) **ア**　(2) **ウ**　(3) **イ，エ**　(4) **ア，ウ**

4 (1) **60 cm/s**　(2) **5 秒**　(3) **5 回**

解説

1 ❶ 3 cm÷0.1 s＝30 cm/s

❷ 5 cm÷0.1 s＝50 cm/s

❸ 7 cm÷0.1 s＝70 cm/s

❹ 6.0 cm÷0.1 s＝60 cm/s

❺ 18.1 cm÷0.3 s＝60.33…→ 60 cm/s

3 (1) 速さが増加するとき，移動距離は直線的ではない増加のグラフを示す。

(3) このとき等速直線運動をしているので，速さは一定で，移動距離は時間と比例関係を示す。

(4) 物体に力がはたらくとき，速さは変化するので，(3)で選んだグラフ以外はすべてあてはまる。

4 (1) 6 cm÷0.1 s=60 cm/s

(2) 3 m=300 cm より，300 cm÷60 cm/s=5 s

(3) 30 cm÷6 cm=5 より，5 回光があたっている。

Step 2　解答	p.32～p.33

1 (1) **36 cm/s** (2) **21.6 cm**

(3) ① **大きく** ② **長く** (4) **ウ**

2 (1) **35 cm/s** (2) **81.2 cm**

3 (1) **ウ** (2) **ア** (3) **56 cm/s** (4) **イ**

解説

1 (1) 3 打点に要する時間は 0.05 秒なので，

(2.4−0.6)cm÷0.05 s=36 cm/s

(2) 1 区間ごとの増加量は 1.2 cm になっている。

OP 間の長さは，15.0−9.6=5.4〔cm〕なので，

PQ 間の長さは，5.4+1.2=6.6〔cm〕と考えられる。

よって，K 点からの距離は，15.0+6.6=21.6〔cm〕

(3) 傾きが大きくなると，速さの増え方が大きくなるので，一定時間の移動距離は大きくなる。

また，傾きが小さくなると，速さの増え方が小さくなるので，移動に要する時間が増える。

(4) 斜面に垂直な方向では，重力の斜面に垂直な方向の分力と垂直抗力がつりあっている。斜面に平行な方向では，重力の斜面に平行な分力が下向きにはたらくので，斜面上ではこの分力の大きさは変わらない。

2 (1) 打点は 1 秒間に 50 回記録されているので，0 から 5 打点目までが打たれる時間は 5÷50=0.1〔s〕

よって速さは，3.5÷0.1=35〔cm/s〕

(2) 5 打点ごとの距離の差は，2.7 cm ずつ増加している。そのため，0～35 打点目までの距離と 0～30 打点目までの距離の差は，(61.5 − 44.5)+2.7=19.7　よって，0～35 打点目までの距離は，61.5+19.7=81.2〔cm〕

3 (1) 斜面にある物体にはたらく力は，重力と斜面から垂直に押される力(垂直抗力)である。

(2) $\frac{1}{60}$ s×6=0.1 s

(3) (9.6−4.0)cm÷0.1 s＝56 cm/s

(4) 作図すると右図のようになり，斜面を下る台車の運動は，

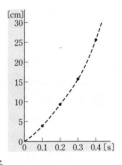

• 速さは時間とともに一定の割合で増加する。

• 移動距離は，右図の放物線のグラフで表される。

• 台車には一定の力がはたらいている。

⚠ ここに注意

• 力がはたらかない，一定の速さで一直線上を進む運動が等速直線運動。

• 一定の力がはたらき，速さが一定の割合で増加する運動が等加速度運動。

これらの速さ―時間，距離―時間のグラフの形を覚えておくと，問題を読みとりやすくなる。

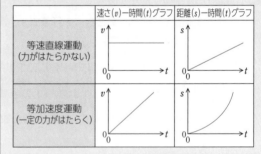

	速さ(v)―時間(t)グラフ	距離(s)―時間(t)グラフ
等速直線運動 (力がはたらかない)		
等加速度運動 (一定の力がはたらく)		

5 仕事と仕事の原理

Step 1　解答	p.34～p.35

1 ❶ **20** ❷ **1** ❸ **20** ❹ **15** ❺ **5**

❻ **定滑車** ❼ **動滑車** ❽ **30** ❾ **15**

❿ **1** ⓫ **2**

2 (1) **2.5 N** (2) ① **60** ② **1.5**

3 (1) **イ** (2) **100 J** (3) **29 N** (4) **10 W**

解説

1 定滑車を使った場合は，石が上がった距離＝ひもを引いた距離 になる。

摩擦力にさからってする仕事では，

摩擦力の大きさ＝加える力の大きさと考え，摩擦力の大きさ×移動距離＝仕事の大きさ になる。

動滑車を 1 つ使うと，手が引く力の大きさは $\frac{1}{2}$ になるが，ひもを引く長さが 2 倍になるので，直接手

でした仕事の大きさと変わらない（仕事の原理）。

2 (1) 動滑車を1つ使っているので、引く力は$\frac{1}{2}$になる。

(2) 糸を60 cm（＝0.6 m）引いていることから、このときの仕事は、2.5 N×0.6 m＝1.5 J となる。

3 (1) この物体には、重力、斜面から物体へ垂直に押し返す力（垂直抗力）、ひもが物体を引く力の3つの力がはたらいてつりあっている。

(2) 50 N の物体を直接2.0 m引き上げたと考えて、50 N×2.0 m＝100 J

(3) 物体を直接2.0 m引き上げたときの斜面の長さが3.5 mという関係から、ひもが物体を引く力をF〔N〕とすると、仕事の原理より、$F×3.5＝100$ となり、$F＝28.5\cdots$ $F＝29$ N、よって、29 N以上の力が必要。

別解 物体にはたらく重力の斜面に平行な方向の分力（F_1）以上であればよい。
三角形の相似比より、
$50:F_1＝3.5:2.0$
$F_1＝50×\dfrac{2.0}{3.5}＝28.57\cdots$
$F_1＝29$ N

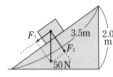

(4) 100 J÷10 s＝10 W

Step 2 解答	p.36 ～ p.37

1 (1) 0.8 N　(2) 1.2 J　(3) 0.12 W　(4) 0.6 m
2 (1) 実験1－0.06 J　実験2－0.06 J　(2) ア
3 (1) 長さ－6 m　仕事－750 J
　　(2) 1.5倍　(3) 5秒

解説

1 (1) ばねからの力と重力の斜面に沿う分力とがつりあっている。ばねは1 N で5 cm伸びるので、4.0 cm伸びるときの力をx〔N〕とすると、
$1:x＝5:4$　$x＝0.8$〔N〕
この力が、重力の斜面に平行な分力と等しい。

(2) ばねからの力が0.8 N、移動距離が1.5 mより
仕事＝0.8 N×1.5 m＝1.2 J

(3) モーターが物体にした仕事＝物体がされた仕事となるため、仕事率＝1.2 J÷10 s＝0.12 W

別解 仕事率は1秒間あたりの仕事の量なので、台車の1秒間に進む距離（＝速さ）と加えた力の積で求められる。台車は、10秒間に1.5 m進む間は、力がつりあっているので、等速直線運動をしている。したがって速さは、0.15 m/s となる。そう

すると、仕事率＝0.8 N×0.15 m/s＝0.12 W が求まる。

したがって、速さが与えられている問題では、「仕事率＝力×速さ」の公式も使って考えることができる。

(4) 上昇した高さをh〔m〕とすると、仕事の原理より1.5 m引き上げた仕事＝h〔m〕上昇させた仕事より、2 N×h〔m〕＝0.8 N×1.5 m　$h＝0.6$〔m〕

別解 台車の重力と斜面に平行な分力から、
$\dfrac{0.8\,\text{N}}{2\,\text{N}}＝\dfrac{h\,\text{〔m〕}}{1.5\,\text{m}}$　$h＝0.6$〔m〕
と相似三角形の相似比からも求められる。

2 (1) 実験1では0.4 N×0.15 m＝0.06 J、実験2では動滑車を用いて実験1と同じ高さに移動させているので、仕事の原理より、実験1と同じ値になる。

(2) 動滑車を用いた場合、糸を引く距離が2倍になるので、同じ速さで糸を引くときには仕事にかかる時間が2倍になる。

3 (1) 動滑車を使用して、30秒後の高さが3 mのとき、巻き上げるひもの長さは、3 m×2＝6 m になる。
また、物体＋動滑車の質量は25 kgなので、25 kg の物体を3 m引き上げる仕事を行っているから、
250 N×3 m＝750 J
となる。

(2) BC間では、20秒間に物体を3 m引き上げている。
OA間では、30秒間で3 m引き上げている。
同じ仕事を行っているとき、仕事率は時間に反比例することから、30÷20＝1.5〔倍〕となる。

(3) 仕事率〔W〕は1秒あたりの仕事を表す。よって、
$(250×3)$ J÷150 W＝5 s

6　力学的エネルギーの保存

Step 1 解答	p.38 ～ p.39

1 ❶ 高さ　❷ 質量　❸ 位置　❹ 運動　❺ 位置
　❻ 運動　❼ 位置
2 (1) ① B　② C
　(2) ① 1　② 0.4　③ 0.6
3 (1) ① 位置エネルギー　② 運動エネルギー
　(2) ① 運動エネルギー　② 位置エネルギー
　(3) ア
　(4) 0

解説

1 振り子の運動では，つねに位置エネルギーが運動エネルギーに，運動エネルギーが位置エネルギーに移り変わっており，その和の力学的エネルギーは，つねに一定である。

2 位置エネルギーは物体の高さと質量に比例し，運動エネルギーは物体の質量と，速さの2乗に比例する。
(1)①最も低い所で運動エネルギーが最大となる。
　②基準面からの高さが2番目に高い所である。
(2) A点，B点，C点，D点のどの点でも，物体のもつ力学的エネルギーは等しい。
　　A点での位置エネルギーを1とすると，D点での位置エネルギーは高さに比例するので0.4になり，運動エネルギーは0.6になる。

3 (2)運動エネルギーはC点で最大となる。位置エネルギーは最も高さが高いA，E点で最大となる。
(3)力学的エネルギーは保存されるので，おもりはもとの高さの**ア**まで振れる。
(4)基準面での位置エネルギーは0となる。

| Step 2 | 解答 | p.40〜p.41 |

1 (1)**ウ** (2)① 比例　② 大きい　③ 質量
　(3)**ウ**
2 (1)**C点** (2)**ア** (3)**60 cm**
　(4)(例)力学的エネルギーは保存されるので，より大きな<u>位置エネルギー</u>をもつS点から転がすほうが，C点での<u>運動エネルギー</u>も大きくなるから。

解説

1 (3)表より，同じ質量の金属球を木片に衝突させたとき，金属球を持ち上げる高さと木片の移動距離は比例している。
　　よって，15 cm持ち上げた場合は，10 cmのときの1.5倍の移動距離となる。23.2×1.5＝34.8より，最も近い値は35 cmとなる。

2 (1)最も低い位置にあるとき，速さが最も大きくなる。
(2)摩擦のない水平面を運動する鉄球に加わる力は，重力と面からの垂直抗力のみである。この2力はつりあっているので，慣性によって等速直線運動を続ける。
(3)200 cm/s×0.3 s＝60 cm

| Step 3 | 解答 | p.42〜p.43 |

1 (1)①**エ**　②**ア**　③**オ**
　(2)①**エ**　②**ウ**
2 (1)①**9 N**　②**7.2 W**　(2)①**75 J**　②**45 J**
　③**仕事－75 J　摩擦力－12.5 N**
3 (1)**50 cm/s**
　(2)**右図**
　(3)**0秒－20 cm/s**
　　　0.3秒－80 cm/s
　(4)**200 cm/s**
　(5)①**E**
　　②**0.475秒後**

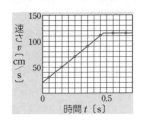

解説

1 (1)①AB間では速さがだんだん(時間とともに一定の割合で増加し)大きくなるので，単位時間あたりの移動距離はだんだん大きくなり，増加量は時間とともに(速さの2乗に比例して)大きくなる。
　②等速直線運動をしているときの移動距離は，時間に比例する。
　③速さがだんだん小さくなるので，時間とともに増加量が小さくなる。
(2)①位置エネルギーは高さに比例する。
　②位置エネルギー＋運動エネルギー＝一定であるので，②では①の逆の形をしたグラフを選ぶ。
2 (1)①動滑車を1個使用しているので，(15 N＋3 N)の半分の力である9 Nで，ロープを5 m×2＝10 m引くことになる。
　②ロープを80 cm/sの速さで1000 cm引く時間は，
$$\frac{1000 \text{ cm}}{80 \text{ cm/s}} = 12.5 \text{ s}$$
　仕事率＝$\frac{9 \text{ N} \times 5 \text{ m} \times 2}{12.5 \text{ s}} = 7.2$ W
別解　仕事率は1秒間あたりの仕事の量であり，1秒間あたりの移動距離は速さであることから，
　仕事率＝力×物体の速さ　でも求められる。
　9 N×0.8 m/s＝7.2 W
(2)①Aでの位置エネルギーは，15 N×5 m＝75 J
　この問題では，物体がされた仕事の量＝物体の位置エネルギー　がなりたつ。
　②Bでの位置エネルギーは，15 N×2 m＝30 J，力学的エネルギー保存の法則より，運動エネルギーは，75 J－30 J＝45 J

③摩擦力にさからってした仕事＝物体がもっていた力学的エネルギー　の関係になる。もっていたエネルギーは熱のエネルギーに変わったために物体はとまった。

　摩擦のある水平面上での摩擦力にさからってした仕事は，摩擦力f×移動距離6m　となり，これが物体のもっていた力学的エネルギーに等しい。f〔N〕×6m＝75J　f＝12.5〔N〕

> ⚠ **ここに注意**
>
> 　物体を持ち上げる仕事は，上向きに重力と同じ大きさの力×持ち上げる距離で求める。"上向き……大きさの力"を"重力にさからう力"ともいい，なれてくると，持ち上げる仕事＝重力×高さ　で計算してもよい。
>
> 　摩擦力にさからってする仕事も同様に，
>
> 　摩擦力にさからう力×移動距離　であり，なれてくると，摩擦のある水平面での仕事＝摩擦力×移動距離　で計算してもよい。
>
> 　摩擦力は重力と異なり，右に動かそうとすると左向きに，左に動かそうとすると右向きに現れる。よって，仕事を考えるときは，"摩擦力と逆向きの力"を加えることに注意しておこう。

3　(1) 0.1秒間に5.0cm移動している。

　　　5.0cm÷0.1s＝50cm/s

(2) 0.1秒間の平均の速さなので，時間間隔の真ん中に点を打つ。

(3) グラフが正しく描けている場合，それぞれの時間での速さを読みとれば，その値が瞬間の速さになる。

(4) Aの平均の速さ30cm/s，Dの平均の速さ90cm/s

$\dfrac{90-30}{0.4-0.1}$＝200cm/s 増加している。

　　※区間A〜Dの間では，どの区間でも，1秒たりの速さが増加し，高さは変わらない。

(5) ①おもりが床につくまでは，台車は一定の割合で速さが増加し続けるが，床につくと水平方向の力がはたらかなくなるので，一定の速さで運動を続ける。区間Eでおもりが床につき，テープ（グラフ）より115cm/sの速さになり，その後，一定の速さで運動しはじめる。

②一定の割合で速さが増加するときの直線の式は，1次関数の式で，$v＝at＋b$　aは変化の割

合＝傾きで，(4)で求めた200cm/sが入り，bは切片なので，(3)の0秒の瞬間の速さ20cm/sが入る。よって，

　　　$v＝200t＋20$

の式が成り立つ。速さの$v＝115$cm/sなので，このときのtの値がおもりが床についた時間になる。

　よって，$200t＝95$　$t＝0.475$秒後になる。

> ⚠ **ここに注意**
>
> 　物体にはたらく力と速さが与えられている場合，
>
> 力×物体の速さ＝力×1秒間あたりの移動距離
>
> 　　　　　　　＝1秒間あたりの仕事の量
>
> となり，これは仕事率を表している。
>
> 　　仕事率〔W〕＝$\dfrac{仕事〔J〕}{時間〔s〕}$＝力〔N〕×速さ〔m/s〕
>
> が公式として使用できる。
>
> 〈エネルギー（物理）〉では単位の計算も大切である。
>
> 力＝N，速さ＝m/s，時間＝s，仕事＝J
>
> 距離＝m，仕事率＝W　を用いて，
>
> ・仕事〔J〕＝力〔N〕×距離〔m〕　J→N・m
>
> ・仕事率 W＝$\dfrac{仕事 J}{時間 s}$＝$\dfrac{N・m}{s}$＝N×$\dfrac{m}{s}$
>
> 　　　　　　　＝力〔N〕×速さ$\dfrac{m}{s}$
>
> また，2年生の電気の単元で扱った熱量，電力量も，
>
> 熱　量〔J〕＝電力〔W〕×時間 s　⎫
>
> 電力量〔J〕＝電力〔W〕×時間 s　⎭ J＝W・s
>
> 　このように，熱量や電力量も仕事またはエネルギーなのだということがわかる。

第2章　化学変化とイオン
....

7　水溶液とイオン

Step 1	解答	p.44〜p.45

1 ❶＋　❷陽　❸−　❹陰　❺陰
❻水素　❼陽　❽塩素

2 (1) 電解質　(2) ① NaCl　② Cl^-

3 (1) イ

(2) (例)原子が電子を失って，＋の電気を帯びているもの。

(3) 陽極−塩素原子，2(個)

　　陰極−銅原子，1(個)

4 (1) 銅（イオン）

(2) −（極）

解説

1 原子はもともと電気的に中性なので，−の電気をもつ電子を失うと相対的に＋の電気を帯びる。

塩酸中には塩化水素が $HCl \longrightarrow H^+ + Cl^-$ と電離している。電気分解では，＋と−の電気は引き合うので，H^+ は電極の陰極へ，Cl^- は陽極へ移動する。

※発生する気体の水素と塩素の体積は同じだが，塩素は水に溶けやすいので，実際に集まる気体は水素よりも少なくなる。そのため，図の塩素は少なく表している。

2 (1), (2) 電解質を水に溶かした水溶液中では必ず陽イオンと陰イオンの両方が生じているので，電極に電圧をかけるとイオンが移動して電流が流れる。

3 (1) 砂糖やエタノールのような有機物は一般的に非電解質で電離しない。

(2) イオンが生じるときに出入りするのは電子であり，陽子や中性子が移動することはない。

(3) それぞれの電極で，電子 2 個のやりとりのようすは，陽極：$2Cl^- \longrightarrow Cl_2 + 2e^-$

陰極：$Cu^{2+} + 2e^- \longrightarrow Cu$ となる。

4 (1) 金属の銅は赤褐色であるが，イオンになると青色を示すので，Cu^{2+} を含む水溶液は青色になる。

(2) 銅イオンは陽イオンなので，−極（陰極）側に移動する。

Step 2 解答	p.46 〜 p.47

1 (1) ① 原子核　② 電子　③ 陽子

④ 中性子　⑤ イオン　⑥ 電解質

(2) (例)水に溶けると電離してイオンになり，移動ができるようになるから。

2 (1) ア　(2) Cu　(3) 塩素

(4) (例)赤褐色の物質が付着する。（銅が付着する。）

(5) 塩化銅

3 (1) 電極 A：名称−水素　化学式−H_2

電極 B：名称−塩素　化学式−Cl_2

(2) ウ

4 (1) ウ，エ　(2) ア，オ

(3) (例)実験後の水溶液は流しに捨てないこと。

(4) (例)青色がうすくなった。

解説

2 (1) 塩化銅は水に溶け，$CuCl_2 \longrightarrow Cu^{2+} + 2Cl^-$ と電離する。塩化物イオンは無色であるが，銅イオンが青色を示す。

(2) 銅イオンが電子を受けとって金属の銅になると赤褐色になる。$Cu^{2+} + 2e^- \longrightarrow Cu$

(3) ＋極へは Cl^- が移動し，電子をはなし $2Cl^- \longrightarrow Cl_2 + 2e^-$ と変化し，塩素の気体が発生する。

塩化銅は(2)と(3)から銅と塩素に電気分解しているので，$CuCl_2 \longrightarrow Cu + Cl_2$ となる。

(4) 逆さにする前は＋極で塩素が発生していたので，何も付着していない。逆さにして−極に変わったので，Cu^{2+} を引きよせる。

(5) 逆さにする前は銅が付着しているので，逆さにして＋極に変わると Cl^- が引きよせられ，Cl_2 ができ，Cl_2 と Cu が反応し $CuCl_2$ ができる。この塩化銅がまた，イオン Cu^{2+} と $2Cl^-$ に電離している。

3 (1) 塩酸は気体の塩化水素 HCl の水溶液の名称であり，水溶液中には水素イオンと塩化物イオンが存在する。

(2) 電極 A は電源の−極とつながっているので陰極である。陰極では陽イオンが電極から電子を受けとる反応が起こる。

4 (1) エタノールや砂糖は有機物であり，非電解質である。

(2) 電極 B は陽極なので，塩化銅水溶液では塩化物イオンが塩素に変化する。電離して塩化物イオンが生じるのはアの食塩水（塩化ナトリウム水溶液）とオの塩酸（塩化水素の水溶液）である。

(3) 多くの金属イオンは有害であるので，排水によって下水から河川や海に流れ出て汚染することのないように注意が必要である。

(4) 銅イオンが青色を呈する。電気分解が進むにつれ，銅イオンが−極に銅として付着し銅イオンの数が減少してくるため青色がうすくなる。

8 酸・アルカリとイオン

Step 1 解答	p.48 〜 p.49

1 ❶ 7　❷ 中性　❸ 青→赤　❹ 黄　❺ 酸性

❻ 青　❼ 7 より大　❽ 変化なし　❾ 緑

❿ 赤→青　⓫ 青　⓬ アルカリ性　⓭ OH^-

⓮ 陽　⓯ 青

2 (1) ① 青　② 赤　③ 酸性　④ 水素

20

(2) ⑤・⑥ 水酸化物・ナトリウム(順不同)
　　⑦ 赤　⑧ 青　⑨ 青　⑩ アルカリ性
　　⑪ 水酸化物

3 (1) ○　(2) ×　(3) ×　(4) ○　(5) ○　(6) ×

4 (1) ○　(2) ×　(3) △　(4) ○　(5) ○　(6) △

5 (1) アルカリ性　(2) 酸性　(3) アルカリ性
　　(4) 中性　(5) 酸性

解説

1 ナトリウム Na は金属の一種で，イオンになるときには亜鉛や銅と同じように陽イオンとなる。また，水酸化物イオン OH⁻ は2個の原子で1個の陰イオンを形成している。

2 酸・アルカリの性質の確認には，リトマス紙，BTB液などの色の変化で確認するものや，pH メーターの値によって知ることができるものがある。

3 (4)水素よりイオンになりやすい鉄やマグネシウムなどの金属を，酸性の水溶液に加えると溶けて水素が発生する。水素より小さい銅や銀は反応しない。

4 (2)食塩は電解質であるが，水中に H^+ や OH^- をつくらないので水溶液は中性を示す。

(3)アンモニアは水に溶けると水と反応しながら OH^- を形成するのでアルカリ性である。
$$NH_3 + H_2O \longrightarrow NH_4^+ + OH^-$$

(4)水に二酸化炭素が溶けたものを炭酸水といい，水中に H^+ を形成するので酸性を示す。
$$CO_2 + H_2O \longrightarrow 2H^+ + CO_3^{2-}$$

(6)石灰水の主成分は水酸化カルシウムで，水に溶けると OH^- を形成する。
$$Ca(OH)_2 \longrightarrow Ca^{2+} + 2OH^-$$

5 pH の数値は 0 ～ 14 まであり，水中に含まれる水素イオン H^+ の濃度を表す。中間の数値である 7 が中性で，7 より小さい値が酸性，7 より大きい値がアルカリ性と判断する。また，数値が小さいほど H^+ の濃度が大きくなる。

🚨 ここに注意

・酸の物質の化学式 ⟶ H
・アルカリの物質の化学式 ⟶ OH
｝を含む。

CO_2 と NH_3 が水に溶けるとき，H を含まない CO_2 は水に溶けて酸性に，NH_3 は水に溶けてアルカリ性になるのは，次のように電離するからである。

・二酸化炭素…$CO_2 + H_2O \longrightarrow H^+ + HCO_3^-$
$\longrightarrow 2H^+ + CO_3^{2-}$
・アンモニア…$NH_3 + H_2O \longrightarrow NH_4^+ + OH^-$

※ HCO_3^- : 炭酸水素イオン，CO_3^{2-} : 炭酸イオン，
　NH_4^+ : アンモニウムイオン

Step 2　解答　　　　　p.50 ～ p.51

1 (1) ア，ウ，カ　(2) A
　　(3) ① イ　② エ，オ
　　　　③ ア，ウ，カ

2 (1) ×　(2) ○　(3) ○
　　(4) ○　(5) ×　(6) ○

3 (1) イオンを移動しやすくするため。
　　(2) ア　(3) H^+

4 (1) a－黄　b－青
　　(2) 化学式－H^+　名称－水素イオン
　　(3) 化学式－OH^-　名称－水酸化物イオン
　　(4)〔例1〕方法－pH メーターではかる。
　　　　　　　結果－7 より小さい値。
　　　〔例2〕方法－pH 試験紙を用いる。
　　　　　　　結果－黄～赤色に変色する。

解説

1 (1)鉄やアルミニウムは酸性の水溶液に反応して水素が発生するが，銅は反応しない。また，アルミニウムや亜鉛は，アルカリ性の水溶液とも反応して水素を発生させる性質がある。

(2)水素の確認はマッチの火を近づけて引火させると，水滴が発生することから確認できる。
　B は酸素の確認方法，C は二酸化炭素などの確認方法である。

(3)塩酸に溶けているのは気体の塩化水素なので，水溶液を蒸発させても何も残らない。また，水酸化ナトリウム水溶液を蒸発させると水酸化ナトリウムの白い固体が残る。
　水素が発生した試験管には，その水溶液と金属が反応して別の物質ができているので，蒸発後に新たな物質が残る。

2 (1)塩酸も水酸化ナトリウム水溶液も電解質水溶液でイオンを含んでいるので，電流を通す。

(2)硝酸銀は塩化物イオン Cl^- と反応して塩化銀 AgCl という白色の物質を形成する。そのため，Cl^- の含まれている塩酸の試験管は白濁する。ま

た，硝酸銀水溶液に水酸化ナトリウム水溶液を
加えると，酸化銀 Ag_2O の褐色の沈殿を生じる。

(3) BTB 液を加えると，塩酸は黄色，水酸化ナトリ
ウム水溶液は青色を示す。

(4) 塩酸の溶質は気体であるので，水を蒸発させる
と何も残らない。

　また，水酸化ナトリウム水溶液の溶質は固体
なので，蒸発させると白い固体が残る。

(5) 鉄やマグネシウムとは異なり，アルミニウムは
塩酸と水酸化ナトリウム水溶液のどちらにも反
応して水素が発生する。

(6) pH を測定すると，塩酸は 7 より小さい値，水酸
化ナトリウム水溶液は 7 より大きい値を示す。

3 (1) リトマス紙が乾いているとイオンの移動ができ
にくいので，調べるイオンの移動に影響しない
電解質を含んだ水溶液でぬらしておく。

(2)，(3) 塩酸が電離して生じた水素イオン H^+ は陰
極に移動するので，陰極側の青色リトマス紙が
赤色に変わる。

4 (1) BTB 液は酸性で黄色，アルカリ性で青色，中性
で緑色を示す。

(2) A グループは酸性の水溶液である。

(3) B グループはアルカリ性の水溶液である。

(4) 解答の例以外に，この問題では，フェノールフ
タレイン液を用いても判断できる。

　フェノールフタレイン液は，アルカリ性に限
って，無色→赤色に変化する試薬で，酸性と
中性には反応せず無色のままである。そのため，
この問題では，A グループは酸性，B グループ
がアルカリ性の 2 つから判断するので（中性は含
まれていないので），次のように答えてもよい。

(方法) フェノールフタレイン液を用いる。

(結果) 無色（変化しない）。

9 中和と塩

Step 1　解答	p.52 ～ p.53

1 ❶・❷ H^+，Cl^-（順不同）

❸・❹ Na^+，OH^-（順不同）

❺ H_2O　❻ $NaCl$

2 (1) 水素　(2) ア　(3) イ

3 (1) 黄色　(2) 中性　(3) 中和

(4) 名称－塩化ナトリウム　化学式－$NaCl$

(5) C

解説

1 酸の水溶液とアルカリの水溶液を混ぜると，酸の H^+
とアルカリの OH^- が結びついて水 H_2O が生じる。H^+
と OH^- が同じ量になったときに中和が完了する。

2 (1) うすい塩酸にマグネシウムやアルミニウムなどの
金属を加えると，水素が発生してさかんに泡が出る。

(2)，(3) うすい水酸化ナトリウム水溶液を加えると，
試験管中の塩酸と中和して，酸の性質が弱くなる。

3 (1) BTB 液は，塩酸などの酸性の水溶液中では黄色
を示す。

(2) 塩酸に水酸化ナトリウム水溶液を加えると，だ
んだんと酸の性質が弱くなり，中和が完了し中
性になる。

(3) 酸の水溶液とアルカリの水溶液を加えたときの
反応を中和という。

(4) (2)では塩酸 HCl と水酸化ナトリウム水溶液
$NaOH$ の中和の完了により，水 H_2O と塩の塩化
ナトリウム $NaCl$（食塩）ができている。なお，中
和が完了した(3)の混合液に，さらに水酸化ナト
リウム水溶液を加えた混合液（アルカリ性）をス
ライドガラスにとり水を蒸発させたときに出て
くる白い物質の中には，$NaCl$ と $NaOH$ の 2 種類
の物質が含まれていることもおさえておこう。

(5) 水酸化ナトリウム水溶液を加えて中和を進行さ
せると，初めからあった水素イオンは水に変わっ
ていくので数が少なくなっていく。

Step 2　解答	p.54 ～ p.55

1 ウ

2 B－エ　E－ア

3 (1) H_2O，$NaCl$

(2) a

(3) 0.8 倍

(4) c

4 (1) 硫酸バリウム　(2) H_2O

(3) a－黄色　c－青色　(4) ウ

(5) A，B

(6) ウ，エ

解説

1 硫酸は酸性の水溶液なので，BTB 液は黄色を示す。
そこにアルカリ性の水酸化ナトリウム水溶液を加え
ると，中和がすすんで中性になり，さらにアルカリ
性に変わるため緑色から青色になる。

2 A—アルカリ性で，うすい硫酸と反応して白い物質ができたことからバリウムを含む**オ**である。

B—アルカリ性であることから**エ**である。

C—酸性であることから**ウ**のうすい塩酸である。

D—中性で，白い結晶を含むことから**イ**の塩化ナトリウム水溶液である。

E—中性で，乾燥して何も残らないことから**ア**の蒸留水である。

3 (1) 塩酸＋水酸化ナトリウム
　　──→水＋塩化ナトリウム

$$HCl+NaOH \longrightarrow \underset{\downarrow 中和}{H^++OH^-}+\underset{\downarrow 塩(溶ける)}{Cl^-+Na^+}$$

$$\longrightarrow \quad H_2O \quad + \quad NaCl$$

(2) 水酸化ナトリウム水溶液を加える量が多くなるほど，中和して水素イオンが消費される。

(3) 5 cm³ の塩酸 HCl に 4 cm³ の水酸化ナトリウム水溶液 NaOH を加えたところで中性となり中和が完了している。

　　NaOH の体積を 1 とすると，HCl の体積 $\frac{5}{4}$ 中に同数の H^+ を含んでいるといえるから，その数は $\frac{4}{5}$＝0.8 倍になる。

(4) 全体のイオンの数が最も少ないのは，ちょうど中和に達している c である。

4 (1) 硫酸＋水酸化バリウム──→水＋硫酸バリウムの中和が起きる。

$$H_2SO_4+Ba(OH)_2 \longrightarrow \underset{\downarrow 中和}{2H^++2OH^-}+\underset{\downarrow 塩(沈殿)}{SO_4{}^{2-}+Ba^{2+}}$$

$$\longrightarrow \quad 2H_2O \quad + \quad BaSO_4$$

　　塩として生じる硫酸バリウムは水に溶けにくく，白い沈殿となる。

(2) 中和で，塩とともに生じるのは水である。

(3) 沈殿の量が 0.22 g 以上に増えないことから，C と D では中和が終わっていると考えられる。

　　中和に達していない B では，混合液はまだ酸性のままである。

　　また，中和がすんだ後も水酸化バリウム水溶液を加えた D では，混合液はアルカリ性になる。

(4) D はアルカリ性の混合液なので，水でうすめてもアルカリ性を示す。

(5) マグネシウムは酸性の水溶液に加えると水素を発生する。

(6) 表より，中和に達する水酸化バリウム水溶液の量は 14 ～ 18 cm³ の間にあると考えてよい。よって，それ以上の値となっているものを選択する。

10　化学変化と電池のしくみ

Step 1　解答　　　　　　　p.56 ～ p.57

1 ① 銅　② 亜鉛　③ 電気　④ 運動　⑤ 亜鉛
　⑥ 水素　⑦ －(負)　⑧ ＋(正)　⑨ ＋(正)
　⑩ －(負)

2 ウ

3 (1) (化学)電池　(2) ア　(3) ウ
　(4) ① 亜鉛　② 銅　③ 水素
　(5) H⁺，Cl⁻ (順不同)

解説

1 金属に亜鉛と銅を用いた場合，イオン化傾向は，Zn＞Cu なので，亜鉛が右図のように，亜鉛板で電子2個を放出し，亜鉛イオン Zn²⁺ となり水溶液に溶け出る。亜鉛板の電子は導線を通り，モーターを通り銅板へ移動する。電流は電子の移動と逆向きに流れる(銅板→モーター→亜鉛板)ので，銅板が＋極，亜鉛板が－極になる。

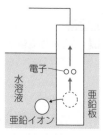

2 電池の基本構造は，2種類の金属板と電解質水溶液である。同じ種類の金属板を使っても電池はできない。砂糖は非電解質であり，電池には利用できない。

3 (1) 物質のもつ化学エネルギーを電気エネルギーとしてとり出す装置を(化学)電池という。

(2) 亜鉛板が－(負)極となり電子2個を放出し亜鉛イオンとなり水溶液中に溶け出るので，亜鉛板は溶解する。銅板は＋(正)極であり，銅板自身は変化せず，銅板表面から水溶液中の水素イオンが電子を受けとって気体の水素に変化する。

(3) この中で電解質水溶液は食塩水のみである。

(4) 電子は－(負)極(亜鉛板)で生じて＋(正)極(銅板)へ移動する。

⚠ ここに注意

・塩化銅の電離しているようすは，
　　CuCl₂ ──→ Cu²⁺＋2Cl⁻ と化学式を用いて表す。

・塩化銅を電気分解したときの化学変化を化学反応式で表すには，CuCl₂ ──→ Cu＋Cl₂
　と化学式を用いて表す。

"電離"と"化学変化"を区別するようにしておこう。

23

1 (1) 亜鉛（あえん）

(2) ①ア   ②ウ

(3) $Zn \longrightarrow Zn^{2+} + 2e^-$

2 (1) 気体－H_2 金属板Ｂ－銅

(2) 亜鉛

(3) 金属板Ａ－＋極   電流の向き－Ｘ

(4) ①ウ   ②エ   ③イ

3 (1) 化学式－O_2 記号－エ

(2) 燃料電池（ねんりょうでんち）

(3) $2H_2 + O_2 \longrightarrow 2H_2O$

【解説】

1 (1) 亜鉛は塩酸を加えると水素を発生して溶（と）けるが，銅は反応しないことからも亜鉛のほうがイオンになりやすいので，－（負）極になる。

(2) 亜鉛板側でつくられた電子が銅板のほうへ移動する。亜鉛板が－（負）極なので，銅板は＋（正）極となり，電流の流れは銅板→オルゴール→亜鉛板となる。

(3) 亜鉛がイオンになるとき，もっていた電子を放出して陽イオンになる。

2 (1) 亜鉛と銅の組み合わせの場合，イオンになりやすい亜鉛が－（負）極になる。また，水素は，水溶液（すいようえき）中の水素イオンが，＋（正）極（銅板）で電子を受けとって生じる。

(2) 亜鉛とマグネシウムの組み合わせの場合，イオンになりやすいのはマグネシウムなので，マグネシウムから電子が生じ，亜鉛が電子を受けとることになる。

(3) 銅とマグネシウムの組み合わせの場合，イオンになりやすいマグネシウムが－（負）極になる。

(4) 電池は，物質のもつ化学エネルギーを電気エネルギーに変える装置である。

3 (1) Ａ極は陰極（いんきょく）であり，水は電気分解によって，陽極から酸素，陰極から水素が発生する。

   Ｂ極（陽極）に発生する酸素は**エ**の方法で発生する。なお，**ア**は水素，**イ**はアンモニア，**ウ**は二酸化炭素の発生方法である。

(2)，(3) 水の電気分解と逆の反応を行わせることによってできる電池である。

（電気分解）   電気エネルギー
$2H_2O \underset{\text{電気エネルギー}}{\overset{\longrightarrow}{\longleftarrow}} 2H_2 + O_2$
              （燃料電池）

1 (1) エ   (2) オ

2 (1) $2HCl \longrightarrow H_2 + Cl_2$

(2) ①Ａ－塩化物イオン，陰（いん）（イオン）   ②電子

(3) イ，オ   (4) $CuCl_2 \longrightarrow Cu^{2+} + 2Cl^-$ (5) イ

3 (1) イオンの名称（めいしょう）－水素イオン

    化学式－H^+ 語句－黄

(2) 5 cm³－ア，イ   10 cm³－ア，イ   (3) エ

(4) 5 cm³

【解説】

1 (1) 化学電池をつくるときは，2種類の金属板と電解（でんかい）質の水溶液（しつ すいようえき）が必要である。食塩水のみが電解質の水溶液である。

(2) レモン電池では，イオンになりにくいほうの金属板（＋極）から水素が気体となって発生し，もう一方の金属板（－極）は電子を放出しイオンとなり溶（と）け出る。

2 (1) 化学反応式では，生じた物質（水素と塩素）を右辺に示す。

(2) 塩素原子は，電子を1個受けとって陰イオンになると塩化物イオンという名称（めいしょう）になる。

(3) 塩化銅は水溶液中で Cu^{2+} と Cl^- に電離（でんり）する。銅はこすると赤色に光沢が出る。

   塩素はインクの色を消したり，水に溶けると黄色を示すなどの性質がある。

(5) $CuCl_2 \longrightarrow Cu^{2+} + 2Cl^-$

陰極から $\ominus\!\!\downarrow$ $\downarrow\!\ominus$ 陽極へ
          Cu Cl_2

   塩化銅水溶液中の Cu^{2+} と Cl^- が自由に動いて電流が流れる。電気分解が進むと上の図式のように $Cu^{2+} \longrightarrow Cu$，$2Cl^- \longrightarrow Cl_2$ と変化し，水溶液中に電気を運ぶイオンの数が減るので，電流が小さくなり，豆電球は暗くなってくる。

3 (1) 塩酸は酸性の水溶液で，水素イオンを含み，BTB液で黄色を示す。

(2) 塩酸 a は，塩酸：水酸化ナトリウム水溶液＝10 cm³：10 cm³
の体積比で中和が完了する。よって，5 cm³ のときは水酸化ナトリウム水溶液のほうが不足しているので，混合液には塩酸の性質が現れる。また，10 cm³ で中和が完了したときには中性の性質を示す。

フェノールフタレイン液は無色の液体で，アルカリ性でのみ赤色を呈する。酸性・中性では反応せず変化しない。また，水溶液にイオンが存在すれば，電流は流れる。

(3) a，b，cの塩酸の量を同じ 10 cm³ としたとき，中和が完了するときの水酸化ナトリウム水溶液の量はそれぞれ 10 cm³，5 cm³，20 cm³ となる。水酸化ナトリウム水溶液が多く必要な塩酸ほど，濃いものと判断できる。

(4) 水溶液を 2 倍にうすめるとは，その濃度を $\frac{1}{2}$ にすることなので，表より塩酸 a は塩酸 c の $\frac{1}{2}$ の濃度になっていることがわかる。うすめた塩酸 c 5 cm³ は，塩酸 a 5 cm³ と同じ濃度である。表より，塩酸 a は同じ体積の水酸化ナトリウム水溶液の体積とで中性になっていることから，必要な水酸化ナトリウムの体積は 5 cm³ である。

第3章 生物の成長と生殖

11 細胞分裂と生物の成長

Step 1 解答	p.62 ～ p.63

❶ ❶ 塩酸
❷ 酢酸オルセイン(酢酸カーミン)
❸ 成長点(根端分裂組織)　❹ 染色体
❷ (1) (ア)→エ→オ→ウ→イ　(2) 染色体
❸ (1) エ　(2) イ

解説
❶ 細胞を離れやすくするために，うすい塩酸につけてあたため，水洗いしてから根の先端をスライドガラスにのせる。
　染色液として，酢酸オルセイン液または酢酸カーミン液を用いる。
　細胞分裂をしているときに見えるひも状のものを染色体という。
❷ (1) 核の中に染色体が現れ，染色体が中央に並んだ後に両端に分かれていき，2つの細胞に分裂する。
(2) 形質を子孫に伝えるはたらきをする遺伝子を含んでいる。
❸ (1) 細胞分裂を観察するのに適した部分は，根の先端部分である。

---

(2) 細胞壁のセルロースを分解しやわらかくして，細胞どうしを離れやすくするために，うすい塩酸に入れてあたためる。

Step 2 解答	p.64 ～ p.65

❶ (1) (例) 細胞を 1 つ 1 つ離れやすくするはたらき，根の先端をやわらかくするはたらき，など。
(2) イ
(3) (ア)→ウ→オ→イ→エ→(カ)
(4) 成長点
❷ (1) ① 核　② (体) 細胞分裂
③ ひも状のつくりのもの−染色体
形質を伝えるもの−遺伝子
④ X−A　Y−C　Z−B
⑤ (例) 細胞の大きさが変わらなかったから。
(2) ① 多細胞　② 増加　③ 大きく

解説
❶ (2) 酢酸オルセイン液や酢酸カーミン液は，核や染色体を染め，顕微鏡観察をしやすくしている。
(3) 核の中に染色体が現れ，それが中央に並び，両端に引かれていく。細胞の中央にしきりができ始め，しきりができると，細胞分裂は終わり，それぞれの細胞はもとの大きさにまで大きくなる。
❷ (1) ① 細胞の中に見られる，染色液に染まったまるいつくりは核である。
③ プレパラート Y で見られるひも状のつくりは染色体である。染色体には，遺伝子が含まれている。
④ 根の先端近くの成長点では細胞分裂がさかんに行われ，細胞の数がつぎつぎと増えている。細胞の大きさは成長点に近いところでは小さく，成長点から上にいくほど大きくなる。
　以上のことから，プレパラート X は A の部分，プレパラート Y は C の部分，プレパラート Z は B の部分と判断できる。
⑤ 成長点から離れた所では，細胞の大きさは変わらなくなる。
(2) タマネギのような多細胞生物では，からだの特定の部分(根・茎の先端の成長点)で細胞の数が増加し，その 1 つ 1 つの細胞が大きくなっていくことで，からだ全体が大きくなっていく。

12 生物のふえ方

Step 1　解答　　　　　　　　　　　p.66 ～ p.67

❶ ❶花粉管　❷卵細胞　❸受精　❹発生
❷ (1) ウ→エ→ア→イ
　 (2)① 発生　②胚
　 (3)① 減数分裂　②11　③22
❸ (1)子房　(2) e，h
　 (3)(例)花粉から花粉管が伸び，その中を移動
　　　した精細胞の核と卵細胞の核が合体する。

解説

❶ めしべの柱頭についた花粉から花粉管が伸びて，その中を精細胞の核が通っていき，胚珠の中の卵細胞の核と合体する。このことを受精という。

❷ (1)受精卵は最初1個の細胞であるが，細胞分裂(動物細胞の場合卵割という)によって，2，4，8，16個…と細胞の数を増やし，多数の細胞のかたまり(胚)になる。
　　　このようにして細胞の数が増えると，細胞はたがいの役割を分担し，生物の形をつくるようになる。
　 (2)受精卵→細胞分裂→胚→成体と変わる過程を発生といい，細胞分裂からおたまじゃくしになる前の，問題の図のイまでを胚という。
　 (3)体細胞から生殖細胞への細胞分裂は，染色体数が半分になる特別な細胞分裂である。受精卵は，精子11本の染色体と卵の11本の染色体の和で22本となり体細胞の染色体数にもどっている。

❸ (1)めしべの根もとのふくらんだ部分は，子房という。
　 (2)減数分裂にかかわりがあるのは，生殖に関連する細胞であるから，やくにある花粉の中の精細胞と胚珠の中の卵細胞を選ぶ。

Step 2　解答　　　　　　　　　　　p.68 ～ p.69

❶ (1) (A)→D→C→B→E
　 (2)(例)もとの大きさまで大きくなる。
　 (3)ア
❷ (1) a－分裂　b－むかご
　 (2) c－ウ，カ　d－イ，エ　e－ア，オ
　 (3)①，③，④，⑤　(4)ア
❸ (1)花粉管　(2)① ア　② イ　③ イ　(3)イ
　 (4)ウ

解説

❶ (1)カエルでは受精卵は，縦に2回割れてから，3回目で横に割れる。
　 (2)受精卵の分裂では細胞は成長せず，分裂のたびに小さくなっていく。一方，根の先端やおたまじゃくしが成体になる間の体細胞分裂では，分裂して小さくなった細胞が，もとの大きさにまで大きくなっていくので，生物は成長する。
　 (3)おたまじゃくしになる前に，水中生活に必要なえらができる。
　　　また，動くのにあしか尾が必要なので，後あし，前あしの順に出てから尾がなくなる。

🚨 ここに注意

* 動物の卵の受精直後の細胞分裂を卵割といい，普通の細胞分裂とちがって細胞が成長しないうちに次の分裂が起こり，そのため細胞は分裂ごとに小さくなり，やがて体細胞の大きさになる。
* 卵割による細胞の数は，1回＝2個　2回＝4個 …n回の分裂では，2^n個の細胞ができる。n=10では，2^{10}＝1024個の細胞ができている。

❷ (1)ゾウリムシなどの単細胞生物は分裂によってふえる。
　　　ヤマイモ(ヤマノイモ)，オニユリは，むかごとよばれるからだの一部に養分を貯えて，地面に落ちて新しい個体をふやしていく。分裂，むかごのいずれも無性生殖である。
　 (2)分裂をしてふえる生物は単細胞生物で，ミカヅキモ，アメーバがあてはまる。
　　　受精をしてふえる生物は，多細胞生物の多くに見られる。ここでは，イチョウ，ウニがあてはまる。
　　　ジャガイモは，受精をしてもふえるが，茎のイモからからだの一部が新しい個体になってふえることもできる。植物のからだの一部から新しい個体ができるものには，ダリア，サツマイモがあてはまる。
　 (3)②の受精をしてふえる以外の①，③，④，⑤はすべて無性生殖である。
　 (4)子の遺伝子の組み合わせは親と同じになるので，親と同じ形質をもつ。このため，まわりの環境が変化するとそれに適応しにくい。

❸ (1)，(2)花粉の中の精細胞が花粉管の中を通り，胚

珠の中にある卵細胞の核と合体して受精卵ができることが被子植物の受精である。

(3) 精細胞の染色体数と卵細胞の染色体数をあわせると胚の染色体数になる。

(4) 胚珠に花粉が直接つくのは，胚珠がむき出しになっている裸子植物である。

13 遺伝の規則性

| Step 1 解答 | p.70 ～ p.71 |

1 ❶純 ❷顕(優) ❸丸い ❹しわのある
❺黄色 ❻緑色 ❼黄色

2 (1)① エンドウ ② 遺伝 ③ 形質
④ 遺伝子 ⑤ DNA(デオキシリボ核酸)
(2)① 丸い ② 顕性(優性) ③ 潜性(劣性)

3 (1)① AA ② aa ③ Aa (2)顕性(優性)の形質

解説

2 異なる純系のものどうしのかけ合わせ(他家受粉)で生じた子は両親の一方の形質しか現れない。このとき現れた形質を顕性(優性)の形質という。現れないほうの形質を潜性(劣性)の形質という。

| Step 2 解答 | p.72 ～ p.73 |

1 (1)遺伝子 (2)顕性(優性)の形質 (3)ア

2 (1)有性生殖 (2)子—Aa 孫—AA, Aa

3 (1)イ (2)ア (3)イ (4)ウ

解説

1 (1)染色体にある遺伝子によって形質は親から子へ伝えられる。遺伝子の本体は DNA である。

(2)同じ個体の花粉で受精(自家受粉での受精)して，子がすべて同じ形質になるものは，何代続いてかけ合わせても同じ形質しか現れない。このようなものを純系という。純系どうしのかけ合わせによって，子に現れる形質を顕性の形質，現れない形式を潜性の形質という。

(3)子(Aa)は卵細胞や精細胞に A か a の遺伝子を1個しか入れないので，受精してできるその子(孫)の遺伝子の組み合わせは，

精細胞＼卵細胞	A	a
A	AA	Aa
a	Aa	aa

右の表のように AA：Aa：aa が1：2：1の割合になり，そのうち $\frac{1}{4}$ を aa が占めることになる。

2 (2) (AA×aa)のかけ合わせから子はすべて Aa。上記の表と同じ考え方から，孫のうち赤い花が咲くのは，AA と Aa であり，全体の $\frac{3}{4}$ を占める。

3 (1)F₁ に現れない形質が潜性である。

(2)F₁ どうしをかけ合わせると，(顕性の形質)：(潜性の形質)＝3：1 となる。このことから A，B が F₁ と同じ形質をもっていることがわかる。

(3)F₁ から F₂ をつくるときには，F₁ どうしをかけ合わせることになる。自然の状態で，同じ1つの花のおしべとめしべの間で受粉(自家受粉)が行われるエンドウでは，放っておけば F₁ どうしのかけ合わせができることになる。

📺 **ここに注意**

A を紫，a を白花の遺伝子とすると，次のようになる。

A × B	B × D	C × D
Aa × Aa	Aa × aa	AA × aa
AA 2Aa aa	Aa aa	Aa
紫花 白花	紫花 白花	紫花
3 ： 1	1 ： 1	

14 生物の進化

| Step 1 解答 | p.74 ～ p.75 |

1 ❶歯 ❷爪 ❸ハ虫 ❹びれ
❺翼 ❻ヒト ❼相同

2 (1)イ (2)進化

3 (1)カ (2)シソチョウ(始祖鳥)

解説

1 セキツイ動物の前あしの骨格を比べると，どれも基本的なつくりがよく似ている。
もとは同じ器官であったものが，それぞれ変化してきた(相同器官)。

3 (1)シソチョウは，ハ虫類と鳥類の中間的な生物であることから，ハ虫類から鳥類が進化した証拠であるとされている。

| Step 2 解答 | p.76 ～ p.77 |

1 (1)① 光合成 ② 酸素 ③ 動物 ④ 植物
⑤ コケ ⑥ 維管束 ⑦ シダ ⑧ 裸子
⑨ 胚珠 ⑩ 子房 ⑪ 被子 ⑫ 魚 ⑬ 肺

27

⑭ シーラカンス ⑮ ハ虫 ⑯ 変温

⑰ 羽毛 ⑱ 恒温 ⑲ シソチョウ ⑳ 胎生

(2) 生きている化石

(3) c－コウモリ

d－イルカ，クジラ(などから１つ)

2 (1) サメ

(2) ①サメ ②イモリ ③カンガルー ④イヌ

解説

2 (1) 共通点が多いと類縁関係が近いと考えることが
できる。

　反対に相違点が多いと類縁関係が遠い。ヒトと
アミノ酸がいちばん多く異なっているのは，79
個のサメである。

(2) ヒトと比べて，アミノ酸の違いの少ないものか
ら順に並び変える。ヒト→イヌ→ウサギ→カン
ガルー→カモノハシ→イモリ→コイ→サメの順
になる。

Step 3 解答	p.78 〜 p.79

1 イ

2 (1) 有性生殖

(2) 無性生殖

(3) (例)生殖のときに減数分裂を行うため。

3 (1) ①ウ→ア→エ→イ

(2) ①遺伝 ②染色体

4 (1) Aa (2) 遺伝子－aa 記号－イ

5 (赤色：桃色：白色＝)1：2：1

解説

1 精子や卵の染色体の数は体細胞の半分，つまり12
本となる。

2 (1)，(2) ウニは，雌雄の区別がつくことから有性生
殖を行うことに注意する。

(3) 有性生殖では，減数分裂を行う。生殖細胞の染
色体の数が半分になったあとに生殖細胞が合体
する。そのため子の染色体の数は親の染色体と
同数になる。

3 遺伝子は親から受けつがれ，個体の特徴を決めるも
のであり，核の染色体に含まれている。

4 (1) 丸い種子をつくる純系(AA)と，しわのある種子
をつくる純系(aa)を交配させると，子は遺伝子
Aと遺伝子aをもらうので，丸い種子をつくる
個体(Aa)となる。

(2) 丸い種子としわのある種
子がほぼ同数見られたこ
とから，右の表のような
遺伝子をもつ丸い種子の
親としわのある種子の親
(エンドウP)の交配であると考えられる。上の
表のように，丸い種子の子としわのある種子の
子は，1：1の割合になる。

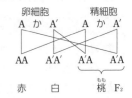

丸い種子 エンドウP	A	a
a	Aa	aa
a	Aa	aa

5 F₁ は AA′ であるから
右の図のようになる。

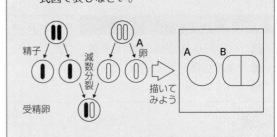

🚨 **ここに注意**

生殖細胞や受精卵の染色体を作図させる問題も出
題されるので注意！

右図をもとにして，

A 卵の染色体

B 受精卵が１回細胞分裂
したときの染色体を模
式図で表しなさい。

第4章 地球と宇宙

15 天体の１日の動き

Step 1 解答	p.80 〜 p.81

1 ❶南中 ❷南中高度 ❸春分・秋分(順不同)

❹6 ❺オリオン座 ❻午後11時

❼北極星 ❽北

2 (1) 透明半球

(2) (例)(地球が)西から東へ自転しているから。

(3) イ (4) 夏至の日

3 (1) 北極星 (2) 東 (3) B，E (4) 30度

(5) (地球の)自転

1 太陽や星が真南にくることを南中といい，そのとき
の見上げた角度を南中高度という。

南の空では，星は東からのぼり南の空を通って西
へ沈む。北の空では，1 時間に 15° の割合で北極星
を中心に反時計まわりに回っている。

2 (2)地球は西から東，すなわち北極側からみて反時
計まわりに自転している。

(3)午前 11 時から午後 1 時までを除き，●印の間隔
3 cm で 1 時間である。午前 11 時（X 側から数え
て 3 番目）と P の間隔が 2 cm であることから，こ
の間が $\frac{2}{3}$〔時間〕に相当する。

$\frac{2}{3}$ 時間は，$60 \times \frac{2}{3} = 40$〔分〕となることから，
南中時刻は午前 11 時 40 分と推定される。

(4)X，Y はともに真東，真西よりも北よりの位置に
あることから，夏至の日と考えられる。

3 (1)北天の中央にある星は地軸の延長線上にあるの
で，ほとんど動かない北極星である。

(3)北天の星は北極星を中心に反時計まわりに移動
することから考える。

(4)1 時間に 15° ずつ移動する。

Step 2　解答	p.82 ～ p.83

1 イ，エ

2 (1)(例)(油性ペンの先端の)影が点Oと一致す
る位置。

(2) B　(3)日周運動　(4)① イ　② エ　③ オ

3 (1)北極星　(2)35 度　(3)右図

(4)自転

(5)(例)地軸の延長線上に恒
星A(北極星)が存在する
から。

解説

1 太陽の南中高度が高いと，太陽の光が広がらずに地
表にあたり，高い密度で熱エネルギーが集中する。
そのため，夏至の日のころは気温が高い。

日の出の位置が最も北よりになるのは夏至の日で
ある。

2 (2)冬至の日は太陽の道筋が最も南側に近くなる。

(3)太陽の 1 日の見かけの動きを日周運動という。

(4)地球は 1 周(360°)を 24 時間かけて回転している
ので，1 時間あたり，360÷24＝15° 回転している。

3 (2)北極星の高度は，観測地点での緯度に等しい。

16　季節の変化と四季の星座

Step 1　解答	p.84 ～ p.85

1 ① 黄道　② オリオン　③ さそり

2 ウ

3 (1)冬　(2)E　(3)C

4 ① はくちょう　② ベガ　③ アルタイル

解説

1 地球から見たときの見かけの太陽が動く道筋を黄道
という。実際には地球が太陽のまわりを公転してい
る。

2 北半球が太陽の反対方向を向いているときが冬至で，
このとき太陽の方向にあるさそり座は見えない。

3 (1)オリオン座が夜に観察できるのは冬である。

(3)1 か月後の午後 10 時ならDの位置にずれている
が，8 時に観測したので30° 東の位置，つまりC
の位置に見える。

4 夏に見られる星座は，夏に地球から見て太陽とちょ
うど反対の方向にある。

🏠 **ここに注意**

恒星は次の 2 種類の運動をしているように見え
る。

・地球の自転による見かけの運動

日周運動で，1 時間に約 15° 東から西へ移動。

・地球の公転による見かけの運動

年周運動で，1 日に約 1° 東から西へ移動。

(恒星の南中時刻は 1 日に約 4 分はやくなる。)

Step 2　解答	p.86 ～ p.87

1 (1)南中　(2)カ　(3)46.8 度　(4)66.6 度

2 (1)黄道　(2)ふたご座

(3)ア　(4)自転　(5)オ

(6)(例)地球から見ると，しし座が太陽の方向
にあるから。

(7)夏の大三角

3 ① 東　② 西　③ 1　④ 西　⑤ 東　⑥ 年周

⑦ 天球

解説

1 (1)その日の太陽が，最も高い位置(天の子午線上)
にくることを南中という。

(2) 冬至の日は1年で最も太陽の南中高度が低くなる日，また最も昼の長さが短くなる日で，そのときの日の入りの位置は**カ**になる。

(3) 夏至の日では春分の日より23.4°高くなり，冬至の日では23.4°低くなる。

(4) 地球の地軸が公転軌道面に垂直な方向に対して，23.4°傾いていることより，90°−23.4°＝66.6°

2 (2) 地球がAの位置にあるとき，太陽と反対の方向にはふたご座がある。

(3) 星座は東から出て西に沈む。しし座が南の方角に見えたとき，90°西にあるおうし座が地平線近くに沈むところである。

(4) 地球は1日に1回自転するので，星座や太陽は東から西に，360°÷24 h＝15°/h ずつ移動しているように見える。

(5) 同じ時刻に見える星座の位置は1日に1°ずつ東から西へ移動する。

　2週間では14°西に移るので0時には14°西の位置にある。

　星座は1時間に15°移動するので，南中するのは約1時間前になる。

(6) 地球から見て，太陽と同じ方向にある星座は，観測できない。

3 ①〜③地球は太陽のまわりを反時計回りに1年かけて360°回転しているので，1日あたり約1°回転していることとなり，同じ時刻に見える星座の位置も東から西に1日約1°動いて見える。また，太陽は星座に対して西から東へ動いているように見える。

🚨 **ここに注意**

　季節が生じる原因は，"地球が公転している"からだけでないことに注意しておこう。地軸が公転面に垂直な方向に対して23.4°（公転面に対して66.6°）傾いていることで，夏は北半球が太陽によく照らされ，北半球では気温が上昇し高くなる。このように，地軸の傾きは太陽の高度を年周期で変化させている。

　したがって，季節が生じる原因は，「地球が地軸を一定に傾けたまま，太陽のまわりを公転している」ことにある。

---

17 太陽と月

Step 1 解答　　　　　　　p.88 〜 p.89

1 ① 1億5000万　② 1万2800
　③ 6000　④ 上弦　⑤ 満
　⑥ 下弦　⑦ 新

2 (1) ① 低い　② 27〜31
　③ プロミネンス(紅炎)　④ コロナ
　⑤ 気体
(2) (例) 直接太陽をのぞかないこと。
(3) 投影板

3 (1) 満月−G　新月−C
(2) ① H　② D　(3) エ　(4) C

解説

1 ④〜⑦ Cでは，月の右半分が輝いている上弦の月が見える。Eでは満月が見える。Gでは，月の左半分が輝いている下弦の月が見える。Aは，月が太陽の方向にあるために，観察できない新月である。

2 (1) 太陽は，水素・ヘリウムなどの気体でできている恒星で，自転している。
(2) 目を痛めるので，天体望遠鏡で直接太陽をのぞいてはいけない。
(3) 観測用紙は，投影板にのせて観測する。

3 (1) 地球から見て，月が太陽と反対の方向にあるときが満月で，月が太陽と同じ方向にあるときが新月である。
(2) ① これから満月になろうとしているときの月である。
　② これから新月になろうとしているときの月である。
(3) 上弦の月は，夕方に南中する。
(4) 地球−月−太陽の順に一直線に並んだときに日食が起こる。

Step 2 解答　　　　　　　p.90 〜 p.91

1 (1) 衛星　(2) C　(3) エ
2 イ
3 イ
4 (1) ア　(2) ア　(3) イ　(4) イ

解説

1 (2) 午後6時には，太陽は西の地平線近くにあるので，月は太陽の左90°のCの位置にある。

(3) 月が同じ位置に見える時刻は毎日およそ 50 分ずつおそくなるから，同じ時刻では日がたつにつれ，位置は左に移動していく。

2 太陽の光のように平行に進む光は焦点に集まってから広がっていく。そのため，像を小さくするためには，投影板を焦点に近づけるとよい。像は，上下左右が逆になっているため，太陽が移動する西側が欠けているのだから，西にずらすとよい。

3 黒点はまわりより温度が低いため，黒く見える。

4 (1) 1 日は 24 時間だから，1 日を秒になおすと，
24×60×60＝86400〔秒〕
380000÷86400＝4.39…→ 4〔日〕

(2) 月の直径を x cm とすると，　128：35＝10：x より，
x＝2.73…→ 3〔cm〕

(3) 地球から月までの距離を y m とすると，
380000：12800＝y：0.1 より，
y＝2.96…→ 3〔m〕

18 惑星と恒星

Step 1　解答	p.92 〜 p.93

1 ❶よい　❷夕　❸西　❹明け
　　❺朝　❻東　❼真夜中
2 (1) エ　(2) イ
3 イ，ウ
4 (1) D　(2) ア

解説

1 金星は，夕方の西の空か，朝方の東の空で観測される。真夜中には観測できない。

2 図は地球の北極から見た図なので，地球の公転も自転も反時計まわりになる。

(1) 地球から見ると，金星の右側が輝いて見え，地球に近い位置なので，最も大きく見える。天体望遠鏡では，上下左右が逆に見えることに注意する。

(2) 日没時，金星は太陽の方向つまり西の方向に見える。

3 ア，イ：内惑星は真夜中には見えない。
ウ，エ：外惑星は一晩中見える。
オ：天王星の軌道は海王星の軌道よりも内側にある。
カ：太陽系の惑星で最も大きいのは木星である。

4 (1) 地球から見て，火星が太陽の方向と反対側にあ

るとき，最も明るく見える。

(2) 真夜中に南中するので，夕方の 18 時ごろ東の空からのぼる。

Step 2　解答	p.94 〜 p.95

1 (1) ウ　(2)① 内　② 軌道　③ 公転
2 (1)① ウ　② エ　③ 銀河　(2) ウ　(3) キ
3 (1) エ　(2) イ

解説

1 (1) 水星・金星・地球・火星が地球型惑星で，主に岩石でできている。
　木星・土星・天王星・海王星が木星型惑星で，主にガスでできていて，密度は小さい。

(2) 水星，金星は，地球より内側の軌道を公転している。

2 (1)② 銀河系は，太陽系の属する恒星集団である。直径約 10 万光年，約 2000 億個の恒星と星間物質が，上から見ると渦巻状に集まっている。横からみるとレンズ状で，中心部の厚さは約 1.5 万光年である。太陽系は，中心から約 3 万光年離れた位置にある。銀河（天の川）は，多くの恒星が天球に投影されて，無数の星が白い帯のように見える部分である。

③ 数十億個，数千億個，ときには 1 兆個以上も集まっている恒星，星間物質の大集団が銀河である。この宇宙には，数千億個の銀河が存在すると考えられ，私たちの太陽系を含む銀河を区別して銀河系とよんでいる。

(2) 夕方西に見えるのはウである。

(3) ウの図の 1 年後には金星は 1 周半回って(365 日÷225 日＝約 1.6 回転)，太陽の方向になる。

3 (2) 観察時，地球・太陽・金星の位置関係から，金星は太陽とほとんど同じ方向に見えるので，夕方の西の空に観察される。

Step 3　解答	p.96 〜 p.97

1 (1) B　(2)① 西(から)東　② 1　③ 黄道
(3)① ふたご座　② おとめ座　(4) 恒星
2 (1) a　(2) 地球
(3)① イ　② ウ，キ　③ ク　④ カ
3 A−ア　B−オ
4 (1)① 南　② 2.4 cm　(2) 午前 5 時 30 分
(3) 16 cm　(4) エ　(5) エ

31

解説

1 (1) 地軸の北極側が太陽の方向に傾いて，北半球が最もよく照らされるのが夏至で，昼が最も長い日である。

(2) 1公転は360°，1年は365日なので，1日あたり360°÷365日＝0.98…

したがって，約1°となる。

太陽の天球上の見かけの通り道を黄道，月の天球上の通り道を白道という。

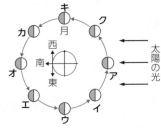

(3) Bが夏至，Cが秋分，Dが冬至，Aが春分の日になる。冬至の日の星座と地球上の方位は右図のようになっている。真夜中に南中しているのは，ふたご座で，西側の空からうお座が沈み，東の空からおとめ座がのぼってくることがわかる。黄道12星座なので，地球から見て，ある星座ととなりの星座とでつくる角は約30°になるので，ふたご座・地球・おとめ座のなす角は90°になっている。

(4) 星座をつくる星は，太陽と同じように，自ら輝き，位置を変えない。このような星を恒星という。

2 (1)，(2) 地球の北極側から見たとき，地球の自転，公転の向きは反時計まわり，月の公転も同じ反時計まわりである。月が1回自転する時間と1回公転する時間が同じなので，いつも月は同じ面を地球に向けている。

(3) 地球が90°回転するのにかかる時間は6時間である。クは，日没後，西の空に見える三日月で2〜3時間ほどで西の空に沈む。キは日没後，南の空に見え，真夜中に西の空に沈む上弦の月で，約6時間見ることができる。ウは真夜中に東の空からのぼり，明け方南の空に見え，日がのぼると観察できなくなり正午近くに西の空に沈む。この下弦の月も，真夜中から明け方までの約6時間見える。他も同じように，1つずつ確認して答えを導く。

3

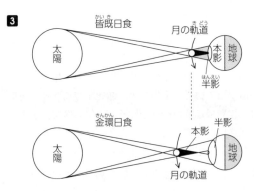

4 (1) 太陽は東の地平線からのぼり，南の空を通って，西の地平線に沈むことから，Aが南，Dが東とわかる。また，地球の自転の速さは一定であるので，1時間の透明半球上の移動距離は同じである。

(2) 1時間＝60分で2.4cm，日の出からXまでの距離が8.4cm，この距離の時間をx〔分〕とすると

$60:x＝2.4:8.4$　$x＝210$〔分〕

9時−3時間30分＝5時30分

(3) CZ間の距離を$y$cm，時間は6時間40分＝400分

$60:400＝2.4:y$　$y＝16$〔cm〕

(4) 春分の日，秋分の日では，北極から見た太陽は地平線上を回転する。ウは赤道上から見た太陽の動きである。

(5) 三日月は日没後，西の空に見られ，太陽を追うように沈んでいくのでエとなる。

第5章 科学技術と自然環境

19　エネルギー資源

Step 1　解答　　p.98〜p.99

1 ❶ ボイラー　❷ 水蒸気　❸ タービン
❹ 発電機　❺ 熱エネルギー
❻ 運動エネルギー　❼ 位置エネルギー
❽ 運動エネルギー　❾ 核エネルギー
❿ 熱エネルギー　⓫ 運動エネルギー

2 ① エ　② ア　③ カ　④ サ
⑤ ケ　⑥ オ　⑦ ク　⑧ ウ
⑨ イ　⑩ コ　⑪ シ　⑫ キ

3 ① しない　② 化学　③ 熱

4 ① 太陽　② 環境　③ 再生可能エネルギー

解説

2 ⑨，⑩原子核を構成する陽子と中性子の結びついている状態が変化するとき，発生するエネルギーが

核エネルギーで，放射線は，このとき同時に発生する微粒子や光(電磁波)であり，エネルギーをもっている。

放射線にはα線(ヘリウムの原子核の流れ)，β線(電子の流れ)，γ線(電磁波の一種)などがある。広義にはX線，宇宙線，イオン線を含めることもある。

3 従来は捨てられていた排熱を利用(給湯・冷暖房など)して，エネルギーの効率を高める新しいエネルギーシステムを，コージェネレーションシステムという。

1 (1)火力発電　(2)二酸化炭素　(3)化石燃料
(4)位置エネルギー
(5)発電方法-原子力発電
　　廃棄物-放射性廃棄物(使用済核燃料)
(6)東日本大震災

2 イ，ウ，オ

3 (1)①エ　②イ　(2)ア　(3)イ，オ
(4)化石燃料

4 (1)地熱発電　(2)運動エネルギー
(3)発電方法-バイオマス発電
　　理由-(例)バイオマスはもともと光合成により大気中の二酸化炭素を取りこんだものなので，それを利用した発電方法では大気中の二酸化炭素は増加しないから。

解説

1 (6)2011年3月11日に発生した東北地方太平洋沖地震によって，日本の広い地域は東日本大震災に見舞われた。このとき，福島第一原子力発電所事故が発生し，放射性物質がもれ出した。これを受けて，原子力発電の発電停止が行われた。

2 再生可能エネルギーとは，有限なエネルギーである石油・石炭などの化石燃料や原子力と対比して，自然環境の中でくり返し起こる現象からとり出すエネルギーのことである。
具体的には，太陽光，太陽熱，風力，地熱，波力，水力，バイオマス，廃棄物の焼却熱利用・発電などがあげられる。

3 (3)地熱発電，原子力発電は熱エネルギーを電気エネルギーに変換している。

4 (3)バイオマスの種類としては，木材，海藻，生ごみ，紙，動物の死がいや糞尿，プランクトンなどの有機物があげられる。

20 科学技術と発展

1 ①ごみ　②ボイラー　③水蒸気
④電力　⑤天然　⑥排気
⑦ファインセラミックス
⑧カーボンファイバー(炭素繊維)
⑨光ファイバー(通信)
⑩吸水性ポリマー(高分子)
⑪形状記憶樹脂(合金)

2 (1)(例)有害物質が出ない　(2)ウ

3 (1)E　(2)D　(3)B，C　(4)A　(5)D

解説

2 (1)燃料電池は，クリーンエネルギーである。

3 (4)温室効果ガスには，二酸化炭素のほかにも，水蒸気，メタン，フロン，亜酸化窒素，対流圏オゾンなどがある。

1 (1)化石燃料
(2)Ⅰ-菌類　Ⅱ-細菌類
(3)(例)従来廃棄していたものを，環境に悪影響を与えない再生可能エネルギー資源として有効に利用できる。
(4)①エ　②12000 kJ

2 (1)コンピュータ　(2)インターネット
(3)スマートフォン
(4)ソーシャル・ネットワーキング・サービス

3 (1)ハイブリッド車(ハイブリッドカー)
(2)二酸化炭素　(3)燃料電池(自動)車

解説

1 (4)②電気エネルギーとして利用しているのは，全体の30％で，4500 kWの電力である。このシステムでは他に熱エネルギーとして全体の50％が利用できているので，合わせて80％のエネルギーが利用可能と考えることができる。
1秒間に1Wの電力は1Jのエネルギーとなるので，

$$4500 \times \frac{80}{30} = 12000 \text{[kJ]}$$

3 (3)水を電気分解すると水素と酸素が発生する。逆に水素と酸素を反応させることで電気エネルギーを取り出せる。これを利用したのが燃料電池車である。したがって燃料電池車は，走行時に水(水蒸気)を排出する。

21 生物どうしのつながり

| Step 1　解答 | p.106～p.107 |

1 ❶消費　❷消費　❸生産　❹植物(生産者)
　❺草食　❻肉食
2 (例)植物は減り，肉食動物は増える。
3 (1) A
　(2) (例)生物Aは急に増加する。生物Cは急に減少する。
　(3) ④　(4) (例)くずれてしまう。

解説
1 植物を生産者，草食動物・肉食動物を消費者とよぶ。
2 草食動物の数量が増加すると，食べられる植物は減り，食べる肉食動物は増える。
3 (1) 無機物をとり入れている生物が生産者である。
　(2) 食べられる生物Aは増加し，食べる生物Cは減少する。
　(3) 無機物の移動はエネルギーをともなわない。
　(4) 草原や森林の破壊や，ある動物を大量に殺したりすると，自然界のつりあいはこわれてしまう。

| Step 2　解答 | p.108～p.109 |

1 (1) 食物連鎖
　(2) バッター B　トカゲー C　ススキー A
　(3) a－イ　b－ア　c－イ
　(4) 光合成　(5) 呼吸
2 (1) 無脊椎動物　(2) イ，オ　(3) ア
　(4) 分解者

解説
1 (2) Aは食物連鎖の出発点となること，大気中の二酸化炭素を吸収していることから，植物である。Bは植物を食べる草食動物，Cは動物を食べる肉食動物である。
　(3) ある動物が急に増加すると，その動物に食べられる生物が減少する。
　(4) 植物が二酸化炭素を吸収するはたらきは光合成

である。
　(5) すべての生物が行っている，二酸化炭素を排出するはたらきは呼吸である。
2 (2) ムカデは小昆虫を捕えて食べ，シデムシは動物の死体を食べる。センチコガネは動物の糞を食べる土の中の小動物である。
　(3) 空気中にも微生物がいるので，それらが試験管の中に入るのを防ぐためにふたをする。
　(4) 有機物を無機物に変える菌類と細菌類は，自然界では分解者とよばれている。

22 自然環境と生物の関わり

| Step 1　解答 | p.110～p.111 |

1 ❶地球温暖化　❷酸性雨　❸分解
2 (1) D中学校　(2) ①酸素　③水(水蒸気)
3 (1) 世界遺産条約　(2) ワシントン条約

解説
1 ❶ 二酸化炭素には温室効果がある。
　❷ 窒素酸化物や硫黄酸化物は，水に溶けると，硝酸や硫酸など酸性の強い雨になる。
2 (1) X中学校の空気の汚れの程度は，気孔の数が650で，つまった気孔の数が98より，約6.6：1の割合になっている。それに最も近い割合になっているのはD中学校である。
　(2) 光合成で気孔から出される物質は酸素，蒸散で気孔から出される物質は水(水蒸気)である。呼吸で気孔から出される物質は二酸化炭素である。
3 自然環境を保護するために，世界遺産条約，ワシントン条約，ラムサール条約などが結ばれている。

| Step 2　解答 | p.112～p.113 |

1 (1) ①イ　②エ　(2) 記号－Ⅱ　合計点－3点
　(3) X
2 (1) 食物連鎖
　(2) (例)シカのえさとなる草などが不足し
3 (1) 化石燃料　(2) ウ，オ

解説
1 (1) 水中の有機物が増えると，それを養分として呼吸に利用する細菌が増え，その呼吸によって水中の酸素の量は減少する。
　(2) B地点での合計点が最も高いのは，水質階級は

Ⅱで，合計点は3点である。
(3) 草食動物の個体の数は，それをえさにする肉食動物の個体数に比べて多い。

2 (1) 食べる・食べられるの関係を食物連鎖という。
(2) シカの数が増えると，シカがえさにしている植物が減る。

3 (1) 石油・石炭・天然ガスなどは，大昔の動植物などがもとになってできたものであるため，化石燃料とよばれる。
(2) アは地震の原因になる。イはフロンガスの大量使用によって起こる。

	再生可能	水蒸気タービン	CO₂発生	太陽エネルギーと関係
風力	○	直接電気	×	○(気象)
地熱	○	○	×	地球の熱
バイオマス	○	○	○	○(光合成)
太陽光	○	直接電気	×	○
波力	○	直接電気	×	○(気象)
原子力	×	○	×	×
太陽熱	○	○	×	○
化石燃料	×	○	○	○(大昔の光合成)
燃料電池	○	直接電気	×	×
水力	○	タービンだけ	×	○(気象)

2 気体Xは二酸化炭素なので，Aは植物で，Dが死がい・排出物である。
Eに入るものは化石燃料である。
3 地球から宇宙空間へ放出される熱の流れを妨げて大気や地表をあたためるはたらきを温室効果といい，このようなはたらきをもつ気体のことを温室効果ガスとよぶ。
4 (1) このような，生物の食べる・食べられるという関係を食物連鎖とよぶ。
(2) 生産者である植物は，光エネルギーを利用して，無機物から有機物をつくる。分解者である菌類・細菌類は，有機物を無機物に分解する。

```
Step 3  解答                          p.114～p.115
```
1 (1) ① 地球温暖化　② イ，オ
　　(2) ① バイオマス発電　② イ　③ 無限
　　(3) 持続可能
2 A－ウ　B－イ　C－ア　D－エ　E－オ
3 温室効果
4 (1) ウ　(2) エ

解説
1 (1) 化石燃料の消費で，二酸化炭素，窒素酸化物，硫黄酸化物が主に発生する。二酸化炭素は，赤外線を通しにくい(吸収する能力をもつ)ため，熱が地球から宇宙空間へ放出するのを妨げるはたらきをする気体である。このような気体を温室効果ガスといい，他に水蒸気，亜酸化窒素，オゾン，メタンなどがある。漢字5字という制限があるので，"温暖化"では誤りになる。"地球"を書き忘れないように！
　　窒素酸化物，硫黄酸化物は大気汚染を起こす気体で，特に酸性雨が問題となっている。
(2) ①バイオマス発電はCO₂を出すが，このCO₂は植物体が生態系内のCO₂を吸収したものであるから，ほとんどCO₂が増加することがない。
②風力，波力，水力発電はもとをたどれば，太陽のエネルギーがもとになる気象現象によるものである。また，バイオマス発電(植物)も光合成で太陽エネルギーをとりこんだものである。ほとんどのエネルギーは太陽からのものであるが，地熱発電は地球の活動によるものである。

高校入試 総仕上げテスト

```
解答                                  p.116～p.120
```
❶ (1) a－③　b－②　d－④
　　(2) a
❷ (1) A　(2) 下図　(3) イ　(4) ウ

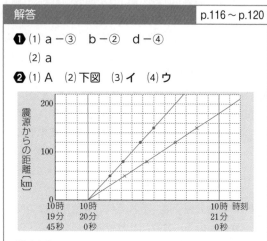

❸ (1) ウ
(2) 酢酸オルセイン液(酢酸カーミン液)
(3) (a)→ f → d → e → c →(b)
(4) X－染色体
　　形質を伝えるもの－遺伝子(DNA)
(5) イ
❹ (1) 還元　化学式－CO₂　(2) ウ

（3）酸化銅－4.0 g　気体Ｘ－0.55 g

❺（1）ウ　（2）マグニチュード　（3）蒸散

　（4）イ　（5）酸性　（6）4 Ω

　（7）①カ　②オ

❻（1）ウ　（2）エ

❼（1）光　（2）0.18 秒　（3）ア

❽（1）Ｂ　（2）地球－い　金星－エ

　（3）（例）地球より内側を公転している

❾（1）① 等速直線運動　② 1.7 m/s　③イ

　（2）① エ　② 16 cm

　（3）12 倍

解説

❶（1）電熱線Ｐと電熱線Ｑを並列に接続したものの合成抵抗の値は，PQ それぞれの抵抗の値よりも小さくなるので，最も大きな電流が流れる。電熱線Ｐと電熱線Ｑを直列に接続したものが，最も抵抗が大きくなり，最も小さな電流が流れる。

（2）電圧が等しいとき，電力は，電流が大きいほうが大きくなることから考える。

❷（1）a，bのゆれが始まった時刻の差が初期微動継続時間で，図ではaのゆれが約5秒続いたと読みとれる。

（3）（2）のグラフから読みとる。または，Ｂの初期微動継続時間は 11 秒，Ｃの初期微動継続時間は 16 秒より，その中間の値を求めて考えてもよい。

（4）（2）のグラフのＰ波とＳ波のグラフの交点が，震源からの距離 0 km と一致している。このときの時刻が地震が発生した時刻となる。

❸（1）根の先端部分が最も適している。

（3）細胞分裂が始まると，まず染色体が見えるようになり，その後，染色体が中央部に集まってから細胞の両端のほうへ移動していく。そして，染色体が見えなくなり，しきりができてから2つの細胞に分かれる。

（5）体細胞分裂では，それぞれの染色体が2つに分かれるので，分裂前と分裂後の細胞の染色体の数は同じである。

❹（1）石灰水を白く濁らせた気体は，二酸化炭素である。

（2）グラフより，8.0 g の酸化銅は，0.60 g の炭素と過不足なく反応して，6.4 g の銅と 2.2 g の二酸化炭素を生じている。

　炭素を 0.60 g 以上加えても，未反応の炭素が残ったままで，できた銅の質量は 6.4 g で変わら

ない。

（3）8.0 g の酸化銅と 0.60 g の炭素が反応し，2.2 g の二酸化炭素が生じるから，0.15 g の炭素と反応する酸化銅の質量は 2.0 g になり 0.55 g の二酸化炭素が発生する。

　よって，残る酸化銅は，6.0－2.0＝4.0 g

❺（1）上昇気流が発生している。

（4）脊椎動物の中で，両生類は，子はえらと皮膚で，親は肺と皮膚で呼吸をする。

（5）BTB 液は，酸性の水溶液中では黄色に変化する。

（6）2 V÷0.5 A＝4 Ω

❻（1）電流は＋極から－極に流れ，電子は－極から＋極に向かって移動する。

（2）銅板に移動してきた電子が，うすい塩酸中の塩化水素が電離してできた水素イオンと結びつき，水素分子になって，気体として発生する。

❼（1）感覚器官の目に対する刺激は "光" である。

（2）図2の横軸 16 cm の縦軸を読みとればよい。

（3）目からの信号なので，感覚器官（視神経）→脳と伝わり，脳の大脳で処理され，命令が下る。脊髄→運動神経→手の筋肉（運動器官）へと伝わる。

❽（1）夕方，金星が見えるのは，図1のＪ，Ａ，Ｂ，Ｃのときで，そのうち半月形に見えるのは，地球から太陽と金星に引いた直線のなす角が約 48°のＢのときである。

（2）3か月後の地球の位置はいで，地球が 90°公転する間に金星は約 150°公転するから，金星の位置はエになる。

❾（1）①Ａから転がった小球には，一定の力が斜面に沿ってはたらくので，一定の割合で速さを増し，水平面上 CB に入ると，運動方向には力がはたらかなくなるので，慣性により，そのときの速さで等速直線運動をする。

②目盛りのはっきりした所を探す。

　1番目の 4 cm＝0.04 m, 4番目の 54 cm＝0.54 m

　速さは，$\dfrac{0.54 \text{ m}-0.04 \text{ m}}{0.3 \text{ s}}=1.66\cdots \rightarrow 1.7$ m/s

③AC 間は一定の割合で速さが増加する。CB 間では速さが一定である。

（2）①木片と水平面との間には摩擦があるので，摩擦熱，音などが考えられる。選択肢があるので，エ。

②図3より，木片の移動距離は，質量にも比例

36

していることがわかるので，25 g の小球を高
さ 40 cm からころがすと 25 cm の移動距離と
なる。これより，25 g の小球を高さ $x$cm から
ころがすと 10 cm の移動距離となると考えて，
40：x＝25：10　より，

x＝16 cm となる。

(3) 表と図 3 より，

・質量 30 g，速さ 2.8 m/s，小球の高さ 40 cm の
　ときに移動距離は 30 cm。

・質量 10 g，速さ 1.4 cm/s，小球の高さ 10 cm
　のときに木片の移動距離は 2.5 cm。

　よって，30 cm÷2.5 cm＝12 倍

24